跨越时空的相遇

中国古代亭台楼阁建筑解读

田 寒◎著

安徽美术出版社
全国百佳图书出版单位

图书在版编目（CIP）数据

跨越时空的相遇：中国古代亭台楼阁建筑解读 / 田
寒著 . –– 合肥：安徽美术出版社 , 2024.7. –– ISBN
978-7-5745-0655-8

Ⅰ. TU986.4

中国国家版本馆 CIP 数据核字第 2024WJ8617 号

跨越时空的相遇：中国古代亭台楼阁建筑解读

KUAYUE SHIKONG DE XIANGYU：ZHONGGUO GUDAI TINGTAILOUGE JIANZHU JIEDU

田　寒　著

出 版 人：王训海	责任编辑：史春霖
责任印制：欧阳卫东	责任校对：唐业林

出版发行：安徽美术出版社

地　　址：合肥市翡翠路 1118 号出版传媒广场 14 层

邮　　编：230071

营 销 部：0551-63533604　　0551-63533607

印　　制：北京亚吉飞数码科技有限公司

开　　本：710 mm×1000 mm　1/16

印　　张：14

版(印)次：2025 年 1 月第 1 版　　2025 年 1 月第 1 次印刷

书　　号：ISBN 978-7-5745-0655-8

定　　价：86.00 元

前言

亭台楼阁，各美其美，古韵悠长。

巍然屹立在中华大地上的无数亭台楼阁建筑，以其独特的建筑风格和装饰艺术，以及背后所承载的丰富的文化内涵，成为我国古代建筑艺术的瑰宝，堪称中华传统建筑文明的缩影。

亭台楼阁，尽显中国古建筑魅力。让我们跟随本书跨越时空，去探寻亭台楼阁的建筑起源，了解它们的丰富分类、多元功能及深远影响。

亭，以秀丽之姿装点园林，得景随形，如天下第一亭醉翁亭、令人陶然自乐的陶然亭、层林尽染处的爱晚亭、狮子林中的真趣亭等，大多翘角飞檐，轻盈多变，富有动感和浪漫情怀。

台，雄踞而起，可观四方，如郁然孤峙的郁孤台、见证高山流水知音情的古琴台、咸阳古城明珠凤凰台、古老的天文台观星台、巍然屹立于峰峦高岗上的烽火台等，无不雄伟壮观，建筑功用鲜明。

楼，重屋凭栏，气势雄伟，如天下江山第一楼黄鹤楼、俯瞰洞庭的岳阳楼、云雾氤氲的烟雨楼、岭南第一胜览镇海楼、可把酒临风的太白楼等，座座楼宇壮丽，登高观览，如入仙境。

阁，暗层腰檐，飞檐凌空，如可观秋水共长天一色的滕王阁、海上仙境蓬莱阁、高出云表的佛香阁、民间藏书博物馆天一阁、皇宫娱乐场所畅音阁等，云窗飞阁，建筑精巧，景色别致。

岁月如流，世事变迁，一些亭台楼阁已消失于历史的尘埃中，如为纪念诗人梅尧臣而建的梅公亭、商纣王的宫苑建筑鹿台、没入水中的鹳雀楼、毁于战火的昙花阁等，世间再难寻觅它们的身影，但它们留下的建筑文化与故事未曾湮灭。

本书体系完整、逻辑清晰，分门别类地阐述了我国知名度高、影响广泛的亭台楼阁代表性建筑，以清丽的语言和精美的图片展现了这些建筑的形式美、空间美、文化美。书中特别设置"建筑韵事"版块，进一步展示亭台楼阁多元建筑文化，也增加了本书的可读性和趣味性。

古朴典雅，造型别致，韵味悠长，这些正是亭台楼阁的魅力所在。阅读本书，相信你一定会对亭台楼阁有更丰富、全面的认识，并为亭台楼阁的独特外观、精致装饰、深厚文化底蕴所打动。

作　者

2024 年 3 月

目 录

第一章
亭台楼阁，古韵悠长

亭台楼阁建筑起源 / 003

亭台楼阁，各有风韵 / 007

丰富的建筑分类与功能 / 016

影响深远的亭台楼阁建筑文化 / 032

I

第二章
亭：得景随形，无园不亭

醉翁亭：天下第一亭 / 037

兰亭：书法圣地 / 040

陶然亭：周侯藉卉之所 / 043

爱晚亭：白云生处赏红枫 / 050

沧浪亭：近水远山皆有情 / 052

湖心亭：孤亭好在水云间 / 055

真趣亭：狮子林中有趣处 / 058

翠微亭：特特寻芳上翠微 / 062

放鹤亭：友谊之亭 / 064

历下亭：海右此亭古，济南名士多 / 065

十王亭：燕翅排列的皇宫办公亭 / 070

廓如亭：湖光稻影，一望无际 / 073

知春亭：春江水暖鸭先知 / 075

第三章
台：起于累土，可观四方

郁孤台：郁然孤峙 / 083

古琴台：高山流水觅知音 / 086

幽州台：前不见古人，后不见来者 / 088

武灵丛台：累土三百尺，流火二千年 / 090

熙春台：众人熙熙，如春登台 / 092

故宫承露台：宫墙之内登高远眺 / 096

凤凰台：咸阳古城明珠 / 097

观星台：日中日影定四时 / 099

烽火台：台台相连的防御建筑 / 101

第四章
楼：重屋凭栏，登高观览

黄鹤楼：天下江山第一楼 / 109

岳阳楼：洞庭天下水，岳阳天下楼 / 115

大观楼：长联状景怀古 / 120

望江楼：云影波光活一楼 / 125

烟雨楼：多少楼台烟雨中 / 129

镇海楼：岭南第一胜览 / 133

越王楼：天下诗文第一楼 / 135

甲秀楼：鳌矶浮玉，甲秀天下 / 138

太白楼：把酒临风看带郭 / 142

光岳楼：登楼怀古有余馨 / 144

石宝寨寨楼：长江"小蓬莱" / 148

钟鼓楼：报时通信、节制礼仪 / 152

第五章
阁：暗层腰檐，空中架阁

滕王阁：秋水共长天一色 / 165

蓬莱阁：丹崖山巅仙境处 / 170

佛香阁：万寿山上高出云表 / 174

玉皇阁：大鹏展翅，凌空欲飞 / 179

天一阁：民间藏书博物馆 / 182

文渊阁：皇家藏书处 / 185

雨花阁：藏式佛教建筑 / 188

畅音阁：凤歌鸾舞适其机 / 191

第六章
消失于尘埃中的历史印迹

梅公亭 / 197

鹿　台 / 198

邺城三台 / 199

鹳雀楼 / 203

昙花阁 / 205

参考文献 / 208

第一章

亭台楼阁，古韵悠长

亭台楼阁或点缀风景，衬托山水之神韵，突出园林之精巧；或发挥实用功能，为人们遮阳避雨，供人们登临、休憩。它们是古人建筑智慧和审美情趣的结晶，是中国传统建筑的重要组成部分，更是无比珍贵的文化遗产。

亭台楼阁建筑起源

在中国古建筑中，亭台楼阁是常见的建筑形式，非常具有代表性。这四类古建筑都有着悠久的历史和深厚的底蕴，它们经过长期的发展和蜕变，成为中国传统建筑艺术的瑰宝。

亭的起源与发展

在中国古代建筑中，亭有着独特而重要的地位。有学者认为，亭可能起源于殷商时期宫廷苑囿中的"台"或用于城防、观测敌情的"台"。

先秦至两汉时期，亭这种建筑形式遍布各地，但并非用来观赏，而是作为一种军事或行政设施而存在。比如，战国时期，设在诸侯国边境的亭起着传送军情的作用；汉朝时期，统治者设县、乡、亭等不同级别的地方机构，用来维护地方治安，而管理亭的人称为亭长。

到了唐朝时期，亭的功能及内外设施与现今的亭有一定的差别。比如，这一时期的亭很多都有门有窗，有的亭内还放置着各种生活用具。可见，唐朝时期亭这种建筑物仍旧发挥着旧时驿亭的作用或居住功能。

直到北宋时期，亭才彻底演变成我们今天所熟悉的有顶无墙的模样，作为景观建筑频频出现在园林中。

台的起源与发展

台是中国古代经典建筑物之一。据考证，台极有可能源于远古时期人们建造的房屋的台基。原始先民为了远离洪水，选择在高地上建造房屋，或者用大量土垒成比较高的台基，这可能就是如今台的雏形。

最初，先民选择在高地筑屋或建造高台基是为了避免水患。渐渐地，人们发现站在高台上能够对周围美景一览无余。再后来，人们利用高台彰显自己的身份、地位，或者将其用于祭祀。于是，台基的功能变得越发复杂、多样。

到了商代，夯土台基比较常见，主要用于宫殿建筑。后来，这种夯土台基演变成高台建筑物，比如周文王曾建造灵台，楚灵王曾建造章华台。秦汉魏晋时期，高台建筑极受欢迎。隋唐之后，人们对高台建筑的喜爱逐渐减弱。虽然隋唐后也出现了一些高台建筑，但大多是为了登高欣赏美景，或者带有某种纪念意义。

楼、阁的起源与发展

在中国古建筑中，楼与阁极为常见，在宫殿、坛庙乃至园林、民居中都能见到它们的身影。而且楼与阁联系紧密，外形相近，较难区分。

"辞书之祖"《尔雅》中称："四方而高曰台，狭而修曲曰楼。"可见，最初楼与台字并称，"高"是其特点之一，所以楼很可能起源于早期的高台建筑。如今，我们对楼的理解是，两层或两层以上的建筑。但最初的楼并不一定是多层的，在高台上建屋所形成的建筑物也可以称为楼。

渐渐地，楼的形制发生变化，由高台之楼演变成"屋上建屋"的重屋模式。西汉之后，楼的建造技术越来越成熟，楼也成为颇受王公贵族欢迎的居住型建筑。后来，楼的功能越发多样化，有酒楼、茶楼、观景楼等。

　　阁很可能起源于远古时期南方地区的干栏式建筑[①]。最初的阁原本是指四周有壁，两层或两层以上，专用上层，底层则空着或有其他用途的房屋，这种形制与干栏式建筑很是相似。渐渐地，阁发展成为一种底部架空、四周设隔扇或回廊而与楼并称的大型建筑。

　　在历史发展的过程中，楼与阁这两种建筑物在保留各自的特点的同时相互影响，而阁的结构、形制渐渐向楼靠拢。由于楼与阁的外形越来越接近，人们开始将楼与阁这两种不同的建筑物联系在一起，合称为"楼阁"，用来代指多层木构建筑。

---

① 干栏式建筑主要以竹木制作底架，并在其上建筑房屋。底架上的房屋可住人，底架之下的空地可摆放杂物或饲养家畜。

亭台楼阁，各有风韵

亭台楼阁有着悠久的历史，也有着各自的形制、功能和美学特点。经过不断的发展和蜕变，亭台楼阁成为人们登临、游赏的建筑物，常出现在中式园林里，各有风韵，各美其美。

亭：有顶无墙，亭亭玉立

亭以开敞性结构居多，有顶无墙是其显著的特征。亭造型丰富，往往因地制宜，常见的有三角亭、四角亭、五角亭、六角亭、八角亭、梅花亭、十字亭等。

亭的屋顶样式多变，包括庑殿顶、歇山顶、悬山顶、硬山顶、十字脊、盔顶、盝顶，以及各种卷棚屋顶和攒尖式屋顶，堪称绚丽多姿。比如，苏州狮子林湖心亭的屋顶为锥形，顶部交会于一点上，这便是典型的攒尖顶，只见宝顶下方六个翼角高高翘起，无比灵动。

有些古亭的屋顶上还设有各种有趣的脊饰，更增加了亭的美感。比如，位于山东济南趵突泉边的观澜亭，其亭檐上饰有"排排坐"的脊兽，使得整座亭更添一番韵味与浪漫气息。

苏州狮子林湖心亭

山东济南趵突泉观澜亭

简而言之，亭造型多变，秀丽多姿，亭亭玉立，韵味独特，堪称装点神州大地的一道道亮丽的风景线。

台：观四方而高，气势威严

台是一种由夯土建成的高而平的开放性建筑物。《说文解字》解释："台，观四方而高者。"这也说明了台的外形特征，即一种高出地面的方形或其他形状的平顶建筑物。站在台上，人们对周围的美景一览无余。

台之美，美在其高大、平整，气势威严。比如，春秋时期楚灵王修建的章华台台高十丈，巍峨壮丽，在当时有着"天下第一台"的美誉；春秋时期吴王阖闾、夫差所建造的姑苏台高三百丈，规模宏大，令后人神往不已；战国时期赵武灵王所建的武灵丛台高大宏伟，层次分明，在漫长的岁月里，它经历了多次重修，较之原建筑有了很大的变化，如今成为千年古城邯郸的地标性建筑。

台之美，美在对称、和谐。在古代，台上的建筑大多居于高台中央，建筑和台本身大多是对称结构，给人以和谐的视觉效果。最能反映这种对称美的莫过于北京天坛（坛是台的一种形式，指规模较大、较高的台），其布局严谨，左右对称，气势威严，美得让人惊心动魄。

楼：体量庞大，雄伟壮观

楼是一种多层且附有门窗的大型建筑，其建筑平面一般呈长方形，以城楼、钟楼、鼓楼、戏楼、观景楼等居多。

楼一般体量较大，给人以雄伟壮观之感。比如，位于湖北武昌的千古名楼黄鹤楼共五层，体量庞大，气势非凡。

楼非常讲究装饰，有飞檐翘角，以及色彩缤纷的琉璃瓦，显得分外轻盈灵动、富丽堂皇，堪称千楼千面，美不胜收。

阁：巧夺天工，优美、精致

阁与楼一样，也是一种高层建筑。阁的平面以长方形或多边形居多。但与楼不同的是，阁一般四周开窗，且通常每层之外设有画栏回廊，整体显得更为精致。

阁大多外形优美，与周围的景观协调一致。通常阁檐部分曲线流畅、灵动，阁身装饰华丽，别具一格。比如，北京故宫的文渊阁、南昌的滕王阁、武汉的晴川阁、烟台的蓬莱阁、贵阳的扶摇阁等，无不巧夺天工，令人见之忘俗，印象深刻。

北京天坛祈年殿

湖北武汉黄鹤楼

武汉晴川阁

丰富的建筑分类与功能

    中国古典建筑类型丰富，按建筑功用划分，可分为宫廷建筑、礼制建筑、城防建筑、陵墓建筑、园林建筑等；按照构成古典建筑群的单体建筑划分，可分为殿、堂、亭、台、楼、阁、轩、榭、廊、舫等不同类型。建筑类型不同，功能也不相同，这里就以单体建筑为例来说明古建筑的功能。

 殿、堂的功能

    最初，殿与堂含义相同，功能也相似。汉代以后，二者开始产生差别。殿指帝王居所，多用于居住、召见官员、处理政务、举办

宴会或祭祀活动，比如北京故宫太和殿。堂则指地方衙署或民居中的建筑，有居住、处理公务、举行仪式等功能。另外，宫殿、寺观中也有堂这类建筑，比如寺观中供斋戒用的斋堂、讲解佛法的法堂等。

亭、台、楼、阁的功能

亭的功能

东汉刘熙在《释名》中说："亭者，停也。"可见，亭的一大功能在于供人停留、休息。在古代，道路上经常设有亭这种建筑，供旅人休憩，比如路亭、山亭，以及建于井水边的井亭、建在桥面上的桥亭等。

亭还有着其他用途，比如有的亭专门用来保护石碑，即碑亭。有的亭能发挥纪念性功能，比如"天下第一亭"醉翁亭用于纪念唐宋八大家之一的欧阳修，位于湖南长沙市的岳王亭用于纪念宋朝抗金名将岳飞。

另外，建在园林中的亭除了供人休息、赏玩，还可起到指引路线、美化风景的作用。

北京故宫太和殿

湖南长沙岳王亭

台的功能

在古代，台这种高而平的建筑物经常被用来举办各种盛大的仪式、庆祝活动等，比如新帝登基、阅兵等活动。春秋时期，越国君主勾践就曾修筑贺台庆贺越国大军打败敌国。

台还常用来举行祭祀活动，比如汉武帝曾建造通天台祭祀山川神灵，明清两代皇帝常在北京天坛举行祭天活动等。

台还有防御功用，比如古代的烽火台便是最常见的军事防御建筑，当敌人来袭时，利用烽火台能有效传递消息。

除此之外，台还常用来纳凉、观景，比如北京故宫承露台、扬州瘦西湖熙春台等，都是绝佳的观景平台。

楼的功能

楼在古代不仅具有居住功能，还具有瞭望敌情、防御等功能。比如，箭楼、角楼、城门楼都可用来观测敌人动态、抵御敌人入侵。

楼还具有统一报时或发出警报的功能，典型的有钟楼、鼓楼。

此外，楼还是登高赏景的场所。比如武汉黄鹤楼、湖南岳阳楼、昆明大观楼等，都是登高赏景的极佳场所，这些历史名楼吸引着古往今来的人们前去登高览胜。

阁的功能

阁在古代原本是一种用作储藏的建筑，其底层空置，起通风、防水的作用，上层则用来储藏书画、供奉佛像等。

另外，阁也是供人休憩、远眺、赏玩的建筑，典型的有苏州拙政园中的浮翠阁、苏州留园的远翠阁等。

轩、榭、廊、舫的功能

轩一般建在水边或高敞之地，供人们观景、休息、避阳、避雨等。典型的有苏州拙政园的与谁同坐轩、苏州留园的闻木樨香轩等。

榭，同轩一样，一般临水而建，是人们观览水景、休憩的场所。典型的有苏州怡园的藕香榭、苏州拙政园的芙蓉榭等。

廊是一种上设顶棚的通道，便于人们一边行走一边观赏周围美景，或供人们在日光强烈、降雨时进入廊中休憩。典型的有北京颐和园长廊、北京北海公园静心斋的爬山廊。

舫又称"不系舟"，是一种外形与船类似的水上建筑，除了能供人休息、欣赏水上美景，还能充作茶室或用来举办宴席。典型的有北京颐和园清晏舫、南京煦园的不系舟。

苏州拙政园与谁同坐轩

苏州拙政园芙蓉榭

北京颐和园长廊

北京颐和园清晏舫

建筑与韵事

堂也能作祭祀建筑

　　古建筑中的堂也可作供奉与祭祀祖先或先贤的建筑物，最典型的是祠堂。古人在修建祠堂时，往往会采用上等建材及精致的雕饰，十分讲究建筑细节。很多祠堂都有堂号，一般由族人中德高望重者或族外书法名家书写，并被制成牌匾悬挂于祠堂正厅。

　　古往今来，同一宗族的族亲们在祠堂里举行祭祖仪式，商议家族大事。祠堂将同一宗族的人们紧紧联系在一起。

影响深远的亭台楼阁建筑文化

　　亭台楼阁在中国传统建筑中占据着独特而重要的地位，这些精美的古建筑反映了古人高超的建筑技艺和别具一格的审美情趣，具有绵长、深厚的历史文化内涵，对后世影响深远。

　　首先，亭台楼阁的建筑特点与建筑美学对后世建筑影响深远。古人在建造亭台楼阁时注重用材，讲究对称均衡，追求与周围环境相得益彰，这些都对现代建筑的设计与建造具有一定的借鉴与启发意义。比如，西安大唐芙蓉园、苏州博物馆等仿古建筑群大量运用了亭台楼阁等古建筑的设计元素，并将其与现代建筑设计理念完美结合起来，成为富含古典气息的现代建筑瑰宝。

　　其次，亭台楼阁所承载的深厚的文化内蕴对后世文化艺术发展影响深远。亭台楼阁供古人休息、登临，也为古代文人提供了抒发心境的舞台和源源不断的创作灵感。在文学作品中，亭台楼阁频频出现。比如，唐代诗人陈子昂曾作《登幽州台歌》，宋代文人范仲淹曾作《岳阳楼记》等。古代画作中更是屡屡出现亭台楼阁的身影。比如，在唐代画家李思训的《江帆楼阁图》和明代画家仇英的《汉宫春晓图》中，精美的亭台楼阁建筑让人印象深刻。

亭台楼阁成为文人、画家抒发感情的载体，从而催生出诸多名垂千古的诗歌、文章及绘画作品，推动了中华传统文学、艺术的发展。而这些优秀的文学及绘画作品也影响了后世的文学创作、美术创作，这种影响延续至今。

另外，分布于神州大地上的亭台楼阁建筑很多都成为热门的旅游景点，吸引人们纷纷前来"打卡"，这也促进了当地经济的发展和文化的繁荣。

总而言之，亭台楼阁等古建筑具有极高的历史和文化价值，我们要保护好这些珍贵的历史遗产，并做好亭台楼阁建筑文化的传承与创新。

第二章

亭：得景随形，无园不亭

亭因形制多变而被广泛应用于园林建筑中，既可作休憩赏景、躲避风雨之用，又可以在整个建筑空间布局中起到很好的造景作用。

古亭如淑女般亭亭玉立，或隐于山林，或落于水面，如诗如画，承载了许多文人风骨及历史故事，令人赏心悦目。

醉翁亭：天下第一亭

醉翁亭位于安徽省滁州市琅琊山麓，因欧阳修的名篇《醉翁亭记》而名闻天下，位居中国四大名亭[①]之首，有"天下第一亭"的美誉。

醉翁亭名字的由来

醉翁亭始建于北宋庆历六年（1046 年），是琅琊山琅琊寺的智仙和尚建造的一座亭子。

[①] 中国四大名亭为醉翁亭、陶然亭、爱晚亭、湖心亭。

北宋庆历六年（1046年），欧阳修来到滁州，结识智仙和尚，二人兴趣相投而成为好友。为便于欧阳修来琅琊山中游玩，智仙和尚在琅琊山麓建亭。欧阳修自号"醉翁"，遂为亭命名"醉翁亭"，并作《醉翁亭记》，描写了亭子周边的环境。

欧阳修的《醉翁亭记》交代了醉翁亭的建造者、命名者，描述了在亭中与好友饮酒赏景的欢乐情景，并表达了寄情山水、追求自由的情感。文中的"醉翁之意不在酒，在乎山水之间也。山水之乐，得之心而寓之酒也"更是成为千古名句，醉翁亭也因名篇佳句而名扬天下。

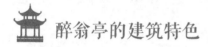 醉翁亭的建筑特色

随着醉翁亭声名远扬，后人在醉翁亭不远处先后建筑了一系列亭台堂阁，醉翁亭及其周边建筑构成一组古建筑群。

醉翁亭为歇山式建筑，以木结构为主，仅用木柱就将整个亭子支撑起来，给人一种亭亭玉立的感觉。亭四面敞开，亭角飞翘，如鸟儿展翅欲飞，给人以轻盈之感。亭顶铺设青瓦，脊上设吻兽，灵动精致，并且青瓦与红柱相互映衬、相得益彰。醉翁亭以青砖铺地，四周有木栏围护，南北框门设格花，饰以花卉和"八仙过海"浮雕，古朴精致。

醉翁亭

醉翁亭的东侧有多处石刻，其中以宋人所刻篆书"醉翁亭"三个大字最为惹人注目。在醉翁亭以西，有石碑书《醉翁亭记》全文，原为小字浅刻，后由苏东坡改书大字并重刻，笔力雄健，气势如虹。

醉翁亭前有让泉，亭侧有苍翠古木，不远处亭台堂阁依山势而建，高低错落。整个建筑群空间布局严谨，环境清幽秀丽，富有诗情画意。

清咸丰年间，醉翁亭及周围建筑曾毁于兵火，现在看到的醉翁亭为清光绪年间依旧制重修。

兰亭：书法圣地

兰亭，因东晋书法家王羲之的名作《兰亭集序》（又名《兰亭序》）而闻名。

兰亭的前身为汉代的驿亭，因春秋时期越王勾践曾在此地种植兰花，故而得名兰亭。

东晋时期，兰亭为著名书法家王羲之的园林居所。王羲之曾邀请几十位文人雅士，共聚兰亭修禊，并作《兰亭集序》一文记录了此次聚会。文人雅士共聚一堂，赏景、交谈，曲水流觞，举杯饮酒，即兴赋诗，好不悠闲自在。

王羲之挥墨著文，成就"天下第一行书"——《兰亭集序》。历代书法爱好者、收藏家以临摹和收藏《兰亭集序》为荣，《兰亭集序》广为流传，兰亭也美名远播。

据相关资料记载，在东晋时期，兰亭就曾迁址，之后又经历数次迁移。明朝时期兰亭由宋代遗址迁移至现在的浙江省绍兴市兰亭村，清朝时期在明址上重建兰亭。

现存兰亭泛指兰亭景区，位于浙江省绍兴市兰亭村。兰亭景区有兰亭碑、御碑、鹅池碑、鹅池、流觞亭、御碑亭、兰亭碑亭、王右军祠等古建筑景观，构成集书法、碑刻、古建筑于一体的园林胜景。

兰亭碑亭为兰亭景区标志性建筑物，为清代建筑。兰亭碑亭为单檐歇山顶砖石结构古亭，建筑平面呈四方形。四根方形石柱支撑亭顶，亭檐角飞翘，形如鸟翼，造型别致。亭内立有一块石碑，碑上"兰亭"二字为康熙亲题。

现在所见兰亭虽非王羲之故居之所，但兰亭作为魏晋名士风骨的纪念地和书法圣地，依然文化底蕴深厚，影响力广泛。

兰亭曲水流觞

兰亭碑亭

陶然亭：周侯藉卉之所

陶然亭，又称"江亭"，位于北京市陶然亭公园内，是中国四大名亭之一。陶然亭具有丰富的文化内涵和文人故事，也有重要的建筑艺术价值。

 陶然自乐之陶然亭

陶然亭始建于清代，由时任工部郎中的江藻督造，亭名取自晋代诗人陶渊明的诗句"挥兹一觞，陶然自乐"中的"陶然"二字，也有说亭名取自唐代诗人白居易的诗句"更待菊黄家酝熟，共君一醉一陶然"中的"陶然"二字。

陶然亭

陶然亭位于陶然亭湖心岛上的慈悲庵内，位于慈悲庵正殿院落的西侧，门庭院落内有南、西、北三面平房。从外观来看，陶然亭并非传统意义上的亭，更像是门庭建筑。其最初为一座小亭，建筑规模较小，后为容纳更多文人游览、题咏，扩建为敞轩式建筑，并沿用"亭"的名称。

陶然亭为重檐歇山顶建筑，面阔三间，进深一间半。亭以青石为主要建筑材料，建筑身姿挺拔，落落大方。亭上有苏式彩绘，梁栋饰山水、花鸟彩画，兼具南北园林建筑风格特色。

陶然亭上挂有不同时期的三块匾额、四副楹联、五方石刻，均为文物古迹。其中，以江藻所题"陶然"、齐白石所题"陶然亭"、郭沫若所题"陶然亭"三块匾额最为著名。

陶然亭自建成后，备受文人关注，是北京文人游宴集会的首选之地，也是外地文人来京之后的必游之地，有"周侯藉卉之所，右军修禊之地"的美誉，久负盛名。

🏯 一园赏尽天下名亭

陶然亭紧邻元代古刹慈悲庵，更与窑台、云绘楼、清音阁等古建筑隔湖相望。湖面微波荡漾，令人心旷神怡。

现在的陶然亭公园内除了陶然亭等主体建筑，还建有华夏名亭园，园内按 1∶1 的比例仿建了醉翁亭、兰亭、爱晚亭、杜甫草堂碑亭、二泉亭等诸多名亭，到访此地，游一园而赏尽天下名亭。

陶然亭公园浸月亭（仿江西九江浸月亭）

陶然亭公园兰亭（仿浙江绍兴兰亭）

陶然亭公园吹台亭（仿江苏扬州吹台亭）

陶然亭公园风雨同舟亭（仿安徽黄山沙堤亭）

爱晚亭：白云生处赏红枫

爱晚亭，原名红叶亭，又名爱枫亭，因唐代诗人杜牧的诗句"停车坐爱枫林晚，霜叶红于二月花"而得名。

爱晚亭坐落于湖南省长沙市岳麓山上，坐西向东，毗邻岳麓书院，是一座清幽淡雅的古亭。

爱晚亭始建于清乾隆年间，起初为木结构建筑，清同治年间改建为砖结构，为攒尖宝顶建筑。爱晚亭建筑平面呈正方形，亭上有二层重檐，檐角高翘，亭顶覆绿色琉璃筒瓦，上层亭檐下方设有写着镏金大字"爱晚亭"的朱色匾额，与周边的红色枫叶相映成趣。亭内有丹漆立柱，亭角设四根方形花岗岩檐柱，简约古朴。

爱晚亭四周古枫参天，每逢秋日，满山遍野的树叶变为红色，秋日登高，坐于爱晚亭中，红叶满目，别有一番趣味。因四周风景秀丽，古往今来，爱晚亭一直是文人墨客及普通百姓游山、赏枫的胜地。

爱晚亭

沧浪亭：近水远山皆有情

沧浪亭，是亭名，也是园林名。其历史悠久，文化底蕴深厚，景色更是美不胜收。

沧浪亭位于苏州城区三元坊内，与狮子林、拙政园、留园并称苏州四大园林。沧浪亭始于北宋庆历年间，为北宋诗人苏舜钦购买并扩建的私人园林，傍水建亭，以典故"濯缨沧浪"为亭和园林命名。

沧浪亭园林移步造景，竹木苍翠，近水远山，开阔自然，呈现出古朴典雅的山水之趣。欧阳修曾作《沧浪亭》诗，有"清风明月本无价，可惜只卖四万钱"之句，而苏舜钦《过苏州》诗中有"绿杨白鹭俱自得，近水远山皆有情"句。现沧浪亭楹联"清风明月本无价，近水远山皆有情"为清人梁章钜集二人诗句所成。

沧浪亭是园林内的代表性建筑，初建于北宋时期，曾多次重建、修缮。清康熙年间，沧浪亭迁建于土阜之上，居高临下，有凌空之势。

从建筑形制上来看，沧浪亭为歇山顶式四方亭。四方石柱上横架石梁，梁上有精美石雕装饰，柱脚处有石栏。整体古朴典雅，隐于山丘绿荫之中，有自然脱俗之意境。

沧浪亭

沧浪亭建筑细节

湖心亭：孤亭好在水云间

湖心亭，位于杭州西湖中央，是亭也不是亭。在中国名亭中，湖心亭与醉翁亭、陶然亭、爱晚亭并称中国四大名亭，但西湖之上并无以"湖心亭"命名的亭建筑。

湖心亭本身是一座小岛，四面环水，构成西湖十八景之一——湖心平眺，与三潭印月、阮公墩并称"湖心三岛"。岛上有牌坊、振鹭亭、蓬莱宫、碑刻等建筑。

湖心亭的登岛之处可见一座石牌坊，为三间四柱式，附有精美的雕饰，上书"湖心亭"。

振鹭亭建于明代，为明代知府孙孟督建，后改名为喜清阁。清地方志《湖山便览》记载：明"司礼监孙隆叠石四周，广其址，建喜清阁，但统称曰'湖心亭'。国朝重加葺治，左右翼以雕阑，上为层楼"。

蓬莱宫为重檐歇山顶楼阁建筑，建筑平面为方形，正面门楣悬挂匾额书"蓬莱宫",宫内悬挂匾额题"湖心亭",故也有人认为此建筑为湖心亭。

湖心亭的南端有一块石碑,上刻有"虫二"二字,为清乾隆皇帝手书,寓意为"风月无边"。①

湖心亭亭阁建筑构造精巧,造型优美,雕饰精致,显现出不凡的气势。登湖心亭,漫步其中,可赏雅致亭阁,举目远眺,可见"波涌湖光远,山催水色深",宛若置身世外桃源。

① "风月"二字的繁体字为"風月",去掉半包围的周边,只留"虫""二"。

俯瞰杭州西湖湖心亭

真趣亭：狮子林中有趣处

真趣亭位于苏州著名园林狮子林中，是一座倚廊而建的清朝古亭。

狮子林位于苏州城的东北部，园内以假山著称。狮子林假山起伏，姿态万千，因狮形假山居多，故得名"狮子林"。狮子林内有燕誉堂、见山楼、飞瀑亭、真趣亭等建筑，错落有致，造景丰富，别有一番韵味。

真趣亭位于狮子林的北部，建于清朝。其三面敞开，为卷棚歇山顶建筑，建筑平面呈长方形。门楣上高悬镏金匾额，匾额上的"真趣"二字传为清代乾隆皇帝亲笔，匾额下方的圆柱上有楹联。

真趣亭装饰华丽，金碧辉煌，有皇家建筑风范。真趣亭亭前有花篮吊柱，饰有镏金狮子木雕；亭内顶饰有镏金状元帽牡丹花样，插角为立体镏金凤凰；梁下有四只垂花篮，柱头为倒悬镏金官帽装饰；后

狮子林园林风光

有六扇屏风，图案丰富，寓意吉祥。整座建筑尽显华贵、精致之美。

真趣亭北靠走廊，南临碧水，三面设坐槛，可凭栏赏景，欣赏形状千变万化、趣味盎然的假山奇石。

真趣亭华丽的内部装饰

建筑
韵事

真趣亭名字的由来

相传，乾隆皇帝在地方官员的陪同下到苏州狮子林游玩。看到狮子林假山遍布、碧水绕庭、草木青翠，乾隆皇帝心情大好，走到真趣亭所在之处，雅兴大发，当即写下"真有趣"三字，并问随行官员觉得如何。

"真有趣"三字实在算不得绝妙。随行官员中的新科状元黄喜聪颖过人，其进言称自己一贫如洗，而皇帝御笔值千金，恳请皇帝将"有"字赏赐给他。乾隆皇帝听后顿时明白了黄喜的用意，随即命人将"有"字剪裁下来送给黄喜，于是"真有趣"变为"真趣"，别有意境。之后，乾隆皇帝回京，地方官员就地建亭，以"真趣"二字命名。

翠微亭：特特寻芳上翠微

中国有多座翠微亭，其中坐落于安徽池州的翠微亭和杭州飞来峰的翠微亭极负盛名，历史文化底蕴深厚。

 池州翠微亭

唐朝时期，诗人杜牧任池州刺史，在齐山建翠微亭，常邀好友登高集会于此，并作诗记录这一情景，其诗作《九日齐山登高》中写道："江涵秋影雁初飞，与客携壶上翠微。"池州翠微亭因杜牧及其诗作而跻身名亭之列，吸引了不少人登临感怀。

宋代抗金名将岳飞登池州翠微亭，作《池州翠微亭》："经年尘土

满征衣，特特寻芳上翠微。好水好山看不足，马蹄催趁月明归。"岳飞的豪情壮志让池州翠微亭进一步名扬天下。

池州翠微亭在后世屡毁屡建，亭址也并非杜牧最初建亭原址。现在的翠微亭为仿古建筑，其结构严谨，四角翘伸，风姿依旧。

杭州翠微亭

杭州翠微亭建在邻近西湖的飞来峰的半山腰上，据说是南宋名将韩世忠为纪念岳飞所建。岳飞逝后，韩世忠郁郁寡欢，登山解忧，在杭州飞来峰建亭，取岳飞诗句"特特寻芳上翠微"中的"翠微"二字为亭命名，让儿子书摩崖石刻题记，摩崖石刻现已不存。

杭州翠微亭为四角重檐亭，建筑平面呈长方形。亭外侧四柱支撑首层飞檐，内侧四柱支撑二层飞檐，重檐间设格窗。亭内有"翠微亭""岿存岳峙"匾额及楹联石刻，亭外有观景平台。

飞来峰上，翠微亭傲然屹立，檐角飞翘，有挺拔向上、居高临下的气势。登翠微亭，既能赏山峦叠翠，又能受到岳飞爱国精神的熏陶，激发对祖国大好河山的无限热爱。

放鹤亭：友谊之亭

放鹤亭位于江苏省徐州市云龙山上，为宋代著名隐士张天骥所建，因张天骥、苏轼二人在此的闲居生活及相关诗画名作而闻名。

北宋熙宁十年（1077 年），苏轼任徐州知州，与隐士张天骥相识并结为好友。次年，隐士张天骥建放鹤亭，每日清晨于亭中放飞仙鹤，并以椽笔作放鹤图卷，引人赞叹，放鹤亭美名初传。苏轼羡慕张天骥的隐居生活，常与张天骥在放鹤亭中对饮，并专门写下《放鹤亭记》描绘放鹤画面，使得放鹤亭名扬天下。

放鹤亭为歇山顶建筑，建筑平面呈长方形，南北长约 12 米，东西进深约 5 米，宽敞明亮。檐角飞翘，姿态优雅；亭柱朱红，壮丽典雅；游廊环绕，雕饰精美。

放鹤亭亭前有平台，亭西有饮鹤泉，亭南另有一座小亭名招鹤亭，两亭一泉，构成云龙山上重要的人文古迹。

历下亭：海右此亭古，济南名士多

　　历下亭，旧称客亭、临淄亭、古历亭等，位于山东省济南市大明湖东南隅岛上，南邻历山（千佛山），故名。

　　历下亭历史悠久，在北魏时期就已存在，为官府接待宾客所建，后曾数次重建、扩建。唐开元年间，北海太守李邕曾在历下亭宴请杜甫及济南名士，杜甫作诗《陪李北海宴历下亭》描述了历下亭景致及宴请场景，此后历下亭声名大噪。

　　历下亭位于大明湖的小岛上，为八角重檐建筑。檐上铺青瓦，檐角层层飞翘，檐下有朱漆红柱支撑，尽显庄重优雅，恢宏大气。二层檐下悬乾隆御笔"历下亭"匾额。

　　历下亭的周围有红柱青瓦的蔚蓝轩、回廊等建筑，亭、轩、廊共筑一岛，周围绿影婆娑、碧水荡漾，令人心旷神怡。

历下亭夜景

大明湖上历下亭及周边建筑

十王亭：燕翅排列的皇宫办公亭

十王亭，位于辽宁省沈阳故宫内东路部分，创建于清太祖努尔哈赤时期。十王亭也叫八旗亭，是左、右翼王和八旗旗主议政办公的

地方。

十王亭共有十座，东西两侧各有五亭，如飞燕展翅，呈八字形依次分列于大政殿前的广场上。东侧五亭由北往南依次为左翼王亭、镶黄旗亭、正白旗亭、镶白旗亭、正蓝旗亭；西侧五亭由北往南依次为右翼王亭、正黄旗亭、正红旗亭、镶红旗亭、镶蓝旗亭。

十王亭为歇山起背建筑，正面设隔扇门，其余三面为青砖砌就。亭的四周设围廊，亭后设灶火门，亭内设有火炕。十王亭外观恢宏大气，内部精巧实用，整体古朴典雅，独具匠心。

沈阳故宫大政殿和十王亭

十王亭之一

廓如亭：湖光稻影，一望无际

廓如亭，又名八方亭，位于北京颐和园内昆明湖的东堤上。其始建于乾隆年间，后多次重修。

廓如亭坐北朝南，为八角重檐建筑，建筑平面呈八角形，各面面阔三间，顶部为攒尖圆宝顶，脊上有吻兽，精巧可爱。廓如亭由涂以朱漆的24根圆柱、16根方柱支撑，檐下有精美的雀替、藻井和彩绘装饰，枋梁上挂有8块木匾，古朴庄重。四周有八角形的月台，外设宇墙，庄重大气。

整座亭子结构严谨，形态舒展，恢宏大气，装饰华丽，与周围景色和建筑相映成趣，构成一幅优美壮观的风景图。

廊如亭

知春亭：春江水暖鸭先知

知春亭位于北京颐和园昆明湖东岸，其周围绿树环绕，近可观湖面景色，远可赏满园风光。

相传，知春亭因苏轼的诗句"春江水暖鸭先知"而得名。颐和园中，每年春天伊始，知春亭处的湖水最早解冻，故有了"知春"的名字。

知春亭坐落于青石台基之上，坐东朝西，为重檐四角攒尖方宝顶建筑。亭上有精致的吻兽和垂兽，亭内有井字天花，四面绘有精美的苏式彩画，二层重檐之下悬挂"知春亭"匾额，显得庄重大气。

知春亭雕梁画栋，气势不凡。其美既体现在精巧多变的建筑结构上，又体现在典雅灵动的配色上。游人倚坐在知春亭中，可将整个园林美景尽收眼底。

知春亭

知春亭中的雕梁画栋

第三章

台：起于累土，可观四方

台是中国传统建筑中一种简约大气、气势雄伟的建筑。台可相对独立，也可以与其他建筑组合建造，用于祭祀、赏景、军事防御等。台丰富的实用功能、深厚的人文精神和壮丽沉稳的内蕴，使得其频频出现在历史舞台上，并扮演着重要的角色。

郁孤台：郁然孤峙

郁孤台，坐落于江西省赣州贺兰山的山顶，因巍峨高耸、郁然孤峙而得名，在古代是非常著名的登高赏景之地。

郁孤台始建于何时已经无法考证，但在唐朝时期郁孤台就已经存在。清同治《赣县志》记载："唐李勉为州刺史，登台北望，慨然曰：'余虽有不及子牟，心在魏阙一也，郁孤岂令名乎？'乃易匾为望阙。"宋朝时期，仍称郁孤台。南宋辛弃疾任职江西，登临郁孤台，远望西北，遥想中原故都，作《菩萨蛮·书江西造口壁》，感慨国家兴亡，郁孤台因此而扬名。

郁孤台屡废屡建，现在的郁孤台已成为赣江江畔风景亮丽的古建筑景区。其既保留着宋代的古城墙、八镜台、望阙门等古老的建筑，也包含仿清代建筑格局重建的郁孤台和楼阁。通过饱经沧桑的古建筑以及古色古香的仿古建筑，我们仍能感受到当年的历史烟云。

重建后的郁孤台

建筑
与
韵事

郁孤台上诗词多

郁孤台风景壮丽，极易触动文人心弦，所以其自古就吸引许多文人登高怀古，并留下了众多诗词名句，传颂至今。

苏东坡被贬到惠州，曾在赣州逗留，登郁孤台感怀："八境见图画，郁孤如旧游。山为翠浪涌，水作玉虹流。"（《郁孤台·其一》）

黄庭坚曾写下"马祖峰前青未了，郁孤台下水如空"（《次韵君庸寓慈云寺待韶惠钱不至》）的诗句，来描写郁孤台风景。

辛弃疾的《菩萨蛮·书江西造口壁》是郁孤台上传颂最广的名篇："郁孤台下清江水，中间多少行人泪。西北望长安，可怜无数山。青山遮不住，毕竟东流去。江晚正愁余，山深闻鹧鸪。"

文天祥任赣州知州期间登郁孤台，留下"城郭春声阔，楼台昼影迟。并天浮雪界，盖海出云旗"（《题郁孤台》）的诗句。

古琴台：高山流水觅知音

　　古琴台，又称伯牙台，位于湖北省武汉市龟山脚下。相传，古琴台为春秋战国时期楚国著名琴师俞伯牙抚琴的地方，发生在这里的俞伯牙与钟子期结为知音的故事广为流传，使得古琴台扬名万里，有"天下知音第一台"之称。

　　古琴台始建于北宋时期，清嘉庆初年重建，后世修葺并增建碑刻、廊亭等。

　　古琴台为汉白玉石台，高 1.75 米，台中央有"琴台"方碑和"伯牙抚琴图"石刻，台周围有石栏，栏板上有"伯牙摔琴谢知音"的石刻浮雕。

　　如今，围绕古琴台形成了建筑群，有殿堂、碑廊、庭院、林园等，另有清代《琴台之铭并序》《伯牙事考》《重修汉阳琴台记》等碑刻。

　　古琴台建筑群均围绕"知音"主题精巧布局，而且层次分明，互相映衬，形成意境悠远、引人遐想的建筑空间。同时，沉稳低调的汉白玉古琴台与周围色彩艳丽的建筑形成鲜明的对比，使得整个古建筑散发出独特的魅力。

古琴台

幽州台：前不见古人，后不见来者

幽州台，又称黄金台，相传为战国时期燕昭王所建，意在招贤纳士，幽州台也因此名垂千古。

作为历史遗迹，幽州台一直都是历代文人墨客向往之地，寄托着他们的幽情。在1300多年前，唐朝诗人陈子昂就曾登幽州台览胜怀古，仰天长吟，作《登幽州台歌》，表达怀才不遇的心情，让无数文人墨客为之动容。

关于幽州台的具体位置，有多种不同的说法。一说幽州台位于今北京市大兴区礼贤镇；二说幽州台即今河北省定兴县北章村的黄金台；三说幽州台位于今北京市元大都遗址处的古蓟丘遗址，为战国燕都蓟城旧址所在。

幽州台的位置具体位于何处，目前尚待考证。今北京大兴区的念坛公园传为古幽州台旧址处，有幽州台复原建筑，是整个公园的制高点。该建筑周围有高大的松树、嶙峋的假山，台上建有函远亭，可供游人休憩。沿灰白石台阶而上，登台观景，可见周围古木参天、一片苍翠，有意境悠远的怀古氛围。

北京大兴区念坛公园"幽州台歌"景点

武灵丛台：累土三百尺，流火二千年

　　武灵丛台，又名赵丛台、邯郸丛台，位于今河北省邯郸市丛台公园内，是春秋战国时期赵国邯郸故城的代表性建筑。武灵丛台建成后屡毁屡建，现存武灵丛台大部分保留了清朝时大修后的面貌。

　　据考证，武灵丛台始建于战国赵武灵王时期。司马迁的《史记》中记载："赵武灵王起丛台，太子围之三月。"张衡的《东京赋》中记载："七雄并争，竞相高以奢丽，楚筑章华于前，赵建丛台于后。"武灵丛台为赵武灵王阅兵和观赏歌舞之地。

　　武灵丛台建成后屡遭毁坏，并多次被重建，现存武灵丛台重修于清同治年间。

　　武灵丛台为青砖所筑高台，台分上、中、下三层。武灵丛台的下层设有南、北两门；中层有武灵馆、如意轩、回澜亭等建筑；上层原为平台，现有据胜亭和一小亭。

　　在武灵丛台的南北两侧，各有一段城墙延伸而出。两段城墙为明代修筑，用以连接丛台与城墙，将丛台纳入城墙防御体系。

武灵丛台庄严古朴，见证了朝代更迭和无数战火。宋代贺铸的诗句"累土三百尺，流火二千年"，贴切地描述了武灵丛台的高大雄伟和历史悠久。

武灵丛台

熙春台：众人熙熙，如春登台

　　熙春台位于江苏省扬州市瘦西湖的西岸，其名字源自《道德经》中"众人熙熙，如享太牢，如春登台"之句，有众人悠闲和乐，一同登台游览春景的美好寓意。

　　熙春台始建于清代，相传为扬州盐商为皇帝祝寿的地方，现存建筑为后世复建，是今二十四桥景区的主体建筑，为二十四景之一"春台明月"。

　　关于熙春台，《扬州画舫录》记载："熙春台在新河曲处，与莲花桥相对，白石为砌，围以石栏，中为露台。第一层横可跃马，纵可方轨，分中左右三阶皆城。第二层建方阁，上下三层。"可见熙春台的富丽与气势。

　　熙春台为台加楼阁建筑，台与楼阁外观秀丽。平台上建楼，楼前建阁。

　　阁分两层，二层檐下悬挂"熙春台"匾额，金匾金字，华贵气派；一层檐下悬挂匾额"春台祝寿"，两侧有金色楹联相衬。

阁前平台宽广平坦，台边砌汉白玉栏杆，台周围可见绿树成荫、水面开阔，令人心旷神怡。

熙春台内建筑装饰富丽堂皇，一层大厅有磨漆壁画《玉女月夜吹箫图》，四角设月洞窗。登上二层，可临窗远眺。

整体而言，熙春台建筑风格古朴典雅，秀美而不失大气，建筑结构设计精巧，装饰华丽精美，并与园林景色相互呼应，构成了独具魅力的江南园林盛景。站于台上，视野开阔，一派盛景尽收眼底；登阁望远，可见瘦西湖、莲花桥、五亭桥、白塔等各类建筑，风姿绰约，风光旖旎。

熙春台

熙春台临水风光

故宫承露台：宫墙之内登高远眺

　　承露台，又称仙台，位于北京故宫乾隆花园（宁寿宫花园）内，是花园内的制高点。

　　承露台始建于清乾隆年间，坐落在花园内由太湖石堆砌而成的假山上，台上曾放有铜盘。承露台的面积不大，约 7 平方米，周围设有白石栏杆，栏杆上还雕有纹饰，整体简约大气。登台眺望，花园内的美景可尽收眼底。

　　承露台下的假山中有石洞。洞内有佛龛，壁上有经文石刻，经阳光照射，可清晰地看到经文内容，可见其设计巧思。

仰视承露台

凤凰台：咸阳古城明珠

凤凰台位于陕西省咸阳市区，有"咸阳古城明珠"之称，与武功县的教稼台、长安区的造字台、临潼区的烽火台，并称"关中四大名台"，历史悠久，文化底蕴深厚。

凤凰台始建于春秋时期，相传是秦穆公为女儿弄玉所筑的露天乐台。《列仙传拾遗》记载："萧史善吹箫，作鸾凤之响。秦穆公有女弄玉，善吹笙，公以妻之，遂教弄玉作凤鸣。居十数年，凤凰来止。公为作凤台，夫妇止其上。数年，弄玉乘凤，萧史乘龙去。"成语"弄玉吹箫""乘龙快婿"都与凤凰台有关。

现在的凤凰台始建于明洪武年间，台高6.1米，台上大殿4座，台下大殿2座。台上大殿的建筑空间分布特点为东西各一座，前后各一座，台两边有长长的台阶，前殿似凤头，后殿与东西两殿构成凤身，台阶形如收拢的翅膀。整座凤凰台庄严内敛。

凤凰台不仅是高台古建筑群，也是革命旧址。在辛亥革命和抗战时期，凤凰台作为城中标志性建筑物和高点，成为重要的革命活动场所，也是居高放哨的重要场所，为革命事业做出了重要贡献。

如今的凤凰台，历经岁月洗礼，虽尽显沧桑，但依然挺拔、清幽、静谧。

凤凰台

观星台：日中日影定四时

观星台位于河南省郑州市登封市东南，由元代天文学家郭守敬主持建造，是中国现存最古老的观星台。

郭守敬是元代著名的天文学家、水利学家和数学家，其主持在全国设点筑台测绘天文数据。郑州观星台是其中一个测绘点，历时四年建成，明嘉靖年间在台顶增建小室。

观星台为青石结构建筑，呈方形覆斗状，台高 9.46 米，通高 12.62 米，顶边各长 8 米多，基边各长 16 米多。整个观星台由台体和石圭两部分组成。台体有盘旋踏道环绕，南壁上下垂直，北壁正中有凹槽，东西两壁有收分；石圭自台北壁凹槽内向北平铺，用以度量日影长短，故又名"量天尺"。

此外，观星台的踏道及台顶边沿筑有阶栏与女儿墙，起到保护作用。观星台的踏道、石圭面均设有水道，便于排水，可见其设计精巧。

  观星台是我国古代天文学成就的重要历史见证，它历经沧桑，岿
然屹立于天地间，让后人充分感受到天文学的奥秘和趣味。

观星台

烽火台：台台相连的防御建筑

烽火台，又称烽燧、烟墩、墩台等，为古时瞭望敌情、传递消息、抵御敌人的重要军事防御建筑。

烽火台的建筑历史要早于长城，商周时期烽火台就已存在，这从"烽火戏诸侯"的历史故事中就能了解。春秋战国时期，诸侯争霸，各国为加强防御，在大河堤坝、边境山脉构筑烽火台，以防御他国侵犯；后在烽火台之间因山就势建筑城墙，连接烽火台和关隘，便逐渐形成了长城这一完善的军事防御体系。

目前，我国现存烽火台及长城在河北、北京、天津、陕西、甘肃、宁夏等地均有分布。有的烽火台在长城城墙外，用以侦察敌情；有的烽火台与关隘、城关相连，以屯兵反击；有的烽火台建在长城上或长城两侧，便于迅速调动全线戍边官兵迎敌；等等。

各地现存烽火台所用建筑材料不同，就地取材而筑。比如，西北地区的烽火台多由夯土、土坯垒筑，中东部地区的烽火台多用砖石或

全砖包砌。烽火台以方形居多，也有圆形的，呈上小下大的形态，高低不一。

烽火台巍然屹立于山峦、边关，历经无数战火，守望一方，其建筑设计、功能、取材等充分体现了古人的伟大创造智慧，是中华民族的宝贵建筑遗存。

河北明长城烽火台（山海关老龙头）

北京司马台长城烽火台

北京箭扣长城烽火台

陕西榆林镇北台烽火台

宁夏贺兰山下的烽火台

第四章

楼：重屋凭栏，登高观览

古语有云："重屋曰楼。"在中国古代传统建筑中，楼一般高大雄伟，气势非凡。有的古楼依山而建，飞檐展翼，精美绝伦；有的古楼临水而建，朱甍碧瓦，庄重古朴。分布广泛、形制多样的古楼不仅是中国古建文化遗产的缩影，更见证了中国传统建筑发展的历史，是古代人民建筑智慧的结晶。

漫步于黄鹤楼、岳阳楼、大观楼、望江楼、甲秀楼等历史名楼中，不仅能品味古楼建筑技艺的精妙，还能领略中国传统建筑的魅力。

黄鹤楼：天下江山第一楼

位于湖北省武汉市的黄鹤楼，景色壮美，自古闻名。其与江西南昌的滕王阁、湖南岳阳的岳阳楼并称为"江南三大名楼"。黄鹤楼建筑风格独特，文化底蕴深厚，是中国传统建筑辉煌成就的代表。

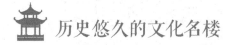 ## 历史悠久的文化名楼

黄鹤楼坐落于武汉市蛇山之巅，浩荡江水从其脚下流过，其背后则是高楼林立的武昌城。此处地势险峻，蛇山与龟山隔江相望，长江与汉江交汇，形成了"临江吞汉，三楚一楼"的盛景。

黄鹤楼距今已有1800多年的历史。相传在东汉末年，赤壁之战

后，孙吴开国皇帝孙权曾
下令在蛇山黄鹄矶头①修建
一座高高的哨楼，这便是
最早的黄鹤楼。

在历史发展的过程中，
黄鹤楼由军事哨楼逐渐变
成文人墨客登高览胜的文
化名楼。尤其是在隋唐时
期，黄鹤楼声名显赫，成
为当时最受欢迎的宴游胜
地，而赞咏黄鹤楼的文章、
诗歌也变得越来越多。

其中，描写黄鹤楼的
最著名的诗篇莫过于唐代
诗人崔颢所作的《黄鹤
楼》："昔人已乘黄鹤去，
此地空余黄鹤楼。黄鹤一
去不复返，白云千载空悠
悠……"除此之外，唐代
诗仙李白、北宋词人贺铸、

---

① 蛇山靠江边处的一块天然石矶，当地人称"黄鹄矶"。

黄鹤楼

南宋大将岳飞等，都曾在登临黄鹤楼后有感而发，挥笔写下篇篇精彩作品。

明洪武年间，黄鹤楼曾被重修。到了清代，黄鹤楼也曾数次经历重建，然而在光绪年间，一场大火几乎将这座名楼焚烧殆尽。直到1985年，在原址不远处，一座崭新的黄鹤楼耸立在世人面前，其风采不减旧日。

 ## 高大雄伟的"天下江山第一楼"

黄鹤楼的主楼是四边套八边形体，高约51.4米，其宝顶峭立，呈葫芦形，飞檐五层。从空中望去，只见层层排檐高高翘起，如同黄鹤之翅，灵动至极。

黄鹤楼一楼高达10米，一共有4个入口，入口处上方均挂有牌匾，其上题字分别为"气吞如梦""帘卷乾坤""势连衡岳""云横九派"。一楼大厅很是宽敞，正面上方、下方都画有大型壁画。

二楼至五楼大厅墙壁上也都绘有不同主题的壁画，无不形神兼备，引人入胜，映衬得大厅越发精致、典雅，颇具文人气息。

总体而言，黄鹤楼高大宏伟，壮丽非凡，不负"天下江山第一楼"的美誉。这座名楼富有独特的建筑韵味和美感，其本身及其周围美景令游客们印象深刻，流连忘返。

黄鹤楼各层飞檐如黄鹤之翅

建筑
韵事

黄鹤楼之名的由来

关于黄鹤楼之名的由来，有着多种说法。其中一种说法是，曾经有一位仙人驾着黄鹤降临此楼，后又乘鹤归去，因此得名黄鹤楼。还有一种说法是，黄鹤楼原本是一座不知名的酒楼，曾有一位道士在此楼的墙上画下一只会跳舞的黄鹤，吸引了很多游人前来观览，这家酒楼的生意也因此变得十分兴隆。多年后，这个道士又来到这家酒楼，只见他横笛吹奏，墙上的黄鹤破墙而出，变成一只真的黄鹤，道士不发一言，乘鹤归去，不知所终。店家大感惊讶，后来他把旧楼推倒重建新楼，并将其命名为黄鹤楼。

岳阳楼：洞庭天下水，岳阳天下楼

岳阳楼坐落于湖南省岳阳市，紧邻"天下第一水"洞庭湖，是湖南的地标性建筑之一，亦是湖南珍贵的文化遗产，素来有着"洞庭天下水，岳阳天下楼"的美誉。

 岳阳楼的前世今生

岳阳楼是长江沿岸历史悠久的建筑之一。学界普遍认为，岳阳楼始建于东汉建安年间，距今已有1800多年历史。其前身是孙权谋士鲁肃的阅军楼，后损毁于战火中。

南朝宋元嘉年间，该楼被重建，变成观赏楼。到了唐代，该楼数

次被修葺、扩建,并被称为"南楼""岳阳城楼"。

北宋时,岳州知军州事滕子京曾主持修葺岳阳楼,后毁于大火。直到北宋元丰二年(1079年),岳阳楼才得以重修。

从南宋至民国,几百年间,岳阳楼多次毁于战火,又都得以重建。1958年,岳阳楼管理所成立。从那之后,岳阳楼又经过几次大修,并于1984年正式对外开放。

岳阳楼

庄重大方的岳阳楼

如今的岳阳楼，基本保持了原有的建筑风貌。其主楼高 19.42 米，进深 14.54 米，建筑平面为长方形，一共有三层，皆为纯木结构。

岳阳楼主楼最吸引人的莫过于每层楼高翘的飞檐及楼顶所覆的黄色琉璃瓦，其在阳光下金光闪烁，无比美丽、耀眼。

主楼的楼顶采用独特的"盔顶"形制，远远望去，像是一顶硕大无比的将军头盔，中部耸立的宝顶就像是头盔上的枪尖，令人见之难忘。"盔顶"飞檐正中挂有一方牌匾，上书"岳阳楼"三个大字，是郭沫若的手笔。

主楼内设有 4 根直通楼顶的楠木，它们相互协作，稳固地支撑着庞大的楼顶。除此之外，楼内还设有 12 根廊柱、32 根檐柱，这些高大、粗壮的红柱将岳阳楼庄重大方的建筑本色展现得淋漓尽致。

岳阳楼内珍藏着众多的文化遗产，其中的《岳阳楼记》雕屏创作于清乾隆年间，是当时名震一时的书法家张照的书法作品，内容则是范仲淹的名篇《岳阳楼记》。

另外，岳阳楼旁还有三座辅亭，分别为三醉亭、仙梅亭、怀甫亭。它们呈众星拱月之势分布在岳阳楼周边，衬托得岳阳楼越发高大宏伟。

岳阳楼形似头盔的楼顶与黄色琉璃瓦

《岳阳楼记》雕屏

文人雅士笔下的岳阳楼

岳阳楼有着深厚的文化内涵，历史上向往岳阳楼锦绣风光并亲自登临岳阳楼、一览美景的文人雅士数不胜数，作诗赞扬岳阳楼盛景的文人也有很多，使得岳阳楼成为名副其实的诗文楼。

李白的《与夏十二登岳阳楼》一诗使得岳阳楼名声大振，从此成为天下文人抒情、立志的舞台，亦是相聚、吟咏的场所，诗中"楼观岳阳尽，川迥洞庭开。雁引愁心去，山衔好月来"的描述引人入胜。

杜甫的《登岳阳楼》一诗将岳阳楼与洞庭湖磅礴的气势描绘得淋漓尽致："昔闻洞庭水，今上岳阳楼。吴楚东南坼，乾坤日夜浮……"

范仲淹作《岳阳楼记》记录了人们在登临岳阳楼时所产生的独特心理感受："登斯楼也，则有去国怀乡，忧谗畏讥，满目萧然，感极而悲者矣，……登斯楼也，则有心旷神怡，宠辱偕忘，把酒临风，其喜洋洋者矣。"

除此之外，白居易、孟浩然、李商隐等诗坛巨匠都在登临岳阳楼时留下过经典诗篇。

大观楼：长联状景怀古

大观楼坐落于云南省昆明市，是昆明市地标性建筑之一，亦是神州大地上颇受欢迎的历史文化名楼之一。

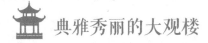

典雅秀丽的大观楼

大观楼始建于清朝康熙年间，它的前身是一座观音阁。到了康熙三十五年（1696 年），云南巡抚主持扩建观音阁，这才有了日后闻名遐迩的大观楼及周边的其他建筑。后大观楼几次毁于战乱或大水，屡次重建。如今我们看到的大观楼是在清光绪九年 (1883 年) 重修而成的。

大观楼是一座三重檐攒尖顶云南传统古建筑，楼主体为全木框架穿斗结构，其建筑平面呈方形。楼周围设有一米高的月台，通过七级台阶与地面相连。拾级而上，来到平坦、宽敞的台面，只见眼前美景如画，令人心旷神怡。在四周葱茏草木的衬托下，大观楼显得越发典雅秀丽。

大观楼结构精巧，内外设有通天柱、檐柱、金柱，能确保楼体稳固。大观楼整体装饰华丽，最引人注目的是其楼顶的装饰。其楼顶屋面较缓，覆有黄色琉璃瓦和灰色底瓦；出檐较大，支撑翼角起翘的子

典雅秀丽的大观楼

角梁似一把大刀，与子角梁相接的老角梁似刀把[①]，"刀把头"则造型各异，常有龙形、凤形等，展现出浓浓的云南风情。

远远望去，只见楼顶四脊上都设有走兽，中部宝顶峭立，令楼顶风光更为迷人。若是定睛细看，会发现大观楼两层额枋之间设有吞口、如意托等坠饰，额枋下则设有挂落，别有趣味。

另外，分布在大观楼内外檐的梁、枋等构件上的彩画十分吸睛。这些彩画大多是方心式苏式彩画，图案丰富，风格多变，有典雅的花卉图案、空灵的山水图案、灵动的游禽图案等。此外，还有各类植物纹样或几何纹样，比如卷草纹、如意云纹等。由这些图案与纹样构成的彩画精致悦目，同时有着高洁、吉祥、富贵等美好的寓意。

大观楼建筑彩画另外一个突出的特点是色彩丰富，韵味十足。其运用了青、绿、白、红、黄、黑等各种颜色，这些

---

① 子角梁、老角梁都是构成翼角的附属构件。子角梁置于老角梁之上，主要用于承接翘飞椽。

大观楼建筑细节

浓淡、深浅、冷暖不一的色彩搭配和谐、对比鲜明，将大观楼装饰得极为富丽。可以说，大观楼是名副其实的滇中古建筑珍品。

长联状景怀古

大观楼之所以盛名不衰，源于它独特的建筑特色，也源于其背后深厚的文化内涵。与大观楼有关的诗词楹联极多，其中以一副长联最为出名：

五百里滇池，奔来眼底，披襟岸帻，喜茫茫空阔无边。看：东骧神骏，西翥灵仪，北走蜿蜒，南翔缟素。高人韵士何妨选胜登临。趁蟹屿螺洲，梳裹就风鬟雾鬓；更蘋天苇地，点缀些翠羽丹霞。莫孤负：四围香稻，万顷晴沙，九夏芙蓉，三春杨柳。

数千年往事，注到心头，把酒凌虚，叹滚滚英雄谁在？想：汉习楼船，唐标铁柱，宋挥玉斧，元跨革囊。伟烈丰功费尽移山心力。尽珠帘画栋，卷不及暮雨朝云；便断碣残碑，都付与苍烟落照。只赢得：几杆疏钟，半江渔火，两行秋雁，一枕清霜。

这副长联作于乾隆年间，是昆明文人孙髯翁的作品。全篇状景怀古，写尽了大观楼建筑之美，被誉为"古今第一长联"；同时也赋予了大观楼独特的文化魅力，让大观园成为享誉古今的文化名楼、风景名胜。

望江楼：云影波光活一楼

　　望江楼，又名崇丽阁，位于四川省成都市东门外，紧邻锦江。望江楼自古闻名遐迩，是历史文化名城成都的标志性建筑之一，以其匠心独运的建筑技艺和深厚的文化底蕴吸引各地游客前来参观。

　　望江楼建于清光绪年间，至今已有130多年的历史。围绕在望江楼旁边的吟诗楼、浣笺亭、五云仙馆和清婉室四座建筑同样建于光绪年间，与望江楼一起并称为望江楼建筑群。

　　望江楼为木构四重檐八角攒尖顶建筑，高30多米，一共有四层。第一和第二层建筑平面呈四方形，第三和第四层建筑平面呈八角形，下宽上窄，结构精巧。远远望去，望江楼楼顶檐角飞翘，琉璃瓦光泽闪烁，镏金宝顶直插云霄，瓦脊、雀替上的泥塑异常灵动，再配上周围的潺潺流水、青翠竹木，组成了一幅典雅优美的画卷。

　　望江楼楼内设有一木梯，直通顶端。沿着木梯而上，来到第四层，极目远眺，锦江美景一览无余，令人心旷神怡。

望江楼

望江楼建筑细节

望江楼建筑群与唐代女诗人薛涛有着千丝万缕的联系。据说，一代才女薛涛病故后，她的坟茔正建在成都东门外的锦江岸旁，人们不断来此凭吊。到了明清时期，为了纪念薛涛，人们在此处先后建起多座建筑，其中也包括清朝修建的望江楼，以及位于望江楼东侧的吟诗楼。

　　"花笺茗碗香千载，云影波光活一楼。"晚清才子何绍基曾用这副对联赞美唐代女诗人薛涛，而这副对联现今正藏于望江楼东侧的吟诗楼中。

　　百余年来，蜀中学子不断登临望江楼、吟诗楼，寻觅唐时才女的旧迹，品赏清幽风雅之景，感悟独特的文化风韵。

烟雨楼：多少楼台烟雨中

烟雨楼位于浙江省嘉兴市南湖湖心岛。此处湖面开阔，风景绝佳，烟雨楼掩映在岛上的丛丛绿影中，秀丽雅致，古色古香。烟雨楼之名来自唐代诗人杜牧的名句"南朝四百八十寺，多少楼台烟雨中"。

烟雨楼初建于五代后晋年间，是在吴越王钱镠之子钱元璙的主持下建成的。初建的烟雨楼位于南湖岸边。后围绕此楼，此处逐渐形成一片建筑群，并于唐宋时期成为著名的风景胜地。到了明代，南湖岸边的烟雨楼被重建于人工填成的湖心岛上，风姿不减当年。

在历史行进的过程中，湖心岛上的烟雨楼几经损毁，饱经沧桑。而我们如今所看到的烟雨楼是 1918 年依照旧制重建的。

烟雨楼是一座五楹二层重檐歇山建筑，楼高约 20 米，占地面积640 余平方米。楼前檐高悬历史名人董必武所书的"烟雨楼"匾额，分外引人注目。屋顶两端檐角翘起，若飞鸟展翅，轻盈灵动。正脊两

烟雨楼

端饰有螭吻，其头部呈龙形，做张口吞脊之状，整体给人以形神兼备、气势非凡之感。

烟雨楼画梁朱柱，处处诗意盎然。楼内藏有众多文化遗产，同时整个湖心岛上分布着 60 多块珍贵的碑刻，如立于烟雨楼北边的明代才子董其昌题写的"鱼乐国"石碑，立于烟雨楼正楼东南侧的镌刻着清代乾隆皇帝题诗的"御碑亭"，等等。

简而言之，富有独特的历史文化气息的烟雨楼是江南古建筑瑰宝，在中国传统建筑史上具有杰出的地位和独特的文化意义。

烟雨楼的屋顶装饰

镇海楼：岭南第一胜览

　　镇海楼，又名望海楼，位于广东省广州市越秀山小蟠龙冈之上，素有"岭南第一胜览""五岭以南第一楼"等美誉。

　　镇海楼初建于明朝洪武年间，后屡毁屡建。20世纪50年代，镇海楼成为广州博物馆所在地，并曾迎来一次较大规模的修缮。重修后镇海楼基本保持了原先的建筑格局、形制及设计。

　　镇海楼为多层阁楼式建筑，高28米，建筑平面呈长方形。楼身一共分五层，从下至上，逐层内收，每层都设有平座腰檐。

　　其屋顶为重檐歇山顶，上覆绿色琉璃瓦，并饰有石湾彩釉鳌鱼花脊。远远望去，立于山巅的镇海楼无比巍峨、壮观，若是靠近并细细观之，红墙绿瓦的镇海楼则给人留下色调和谐、精致美观的视觉印象。

　　整体而言，镇海楼体量庞大，巍峨挺拔，气势磅礴。它静静矗立于越秀山巅，成为广州城亮丽的风景线之一，彰显着独特的粤韵。

镇海楼

镇海楼的红墙绿瓦

越王楼：天下诗文第一楼

　　越王楼位于四川省绵阳市，其与黄鹤楼、岳阳楼、滕王阁并称为"唐代四大名楼"，自古声名显赫，颇受文人墨客的青睐。

　　最初的越王楼建于唐高宗显庆年间，楼高十丈，巍峨壮丽，气势非凡。然而在唐末宋初，越王楼几乎毁于一场大火。虽然在元、明时期，越王楼曾被大规模重修，但这座历史名楼后来又几经损毁，并最终湮灭于历史的长河中。

　　直到2001年，当地政府在经过充足的准备后，正式开启了越王楼的重建工程。到2013年，经过多方努力，大名鼎鼎的越王楼最终重现在世人面前。

　　新建的越王楼为唐式昂斗飞檐歇山式建筑，其高99米，高大雄伟，内外一共15层，结构精巧。楼外观采用了红色、白色等颜色，色调搭配和谐，整体给人以古朴典雅、庄重大气之感。

越王楼

　　越王楼屋顶覆盖一层琉璃瓦，在阳光下闪烁着耀眼的光芒。最高处的宝顶像极了一座小塔，异常精致。楼身集合亭、楼、阁等多种建筑形制。楼檐呈现出浓浓的唐代建筑风格，层层上递，显得整座越王楼越发高大宏伟、气势壮观。

　　历史上的越王楼之所以有着"天下诗文第一楼"的美誉，是因为其在建成之后，曾有无数文人登临此楼，饱览盛景、寄托情思。巍峨壮丽的越王楼及周围美景激发了他们源源不断的灵感，令他们挥毫泼墨，创作出一篇篇经典诗文记录游览的经历，抒发人生豪情。

　　如今，重建后的越王楼继续见证着绵阳这座城市的沧桑巨变，并以其独特的外观和气韵延续着古建筑的辉煌，吸引着世界各地游客的目光。

越王楼建筑细节

甲秀楼：鳌矶浮玉，甲秀天下

甲秀楼位于贵州省贵阳市的南明河上，其建在河中的一块巨石上，挺拔秀丽，精巧无比，自古被誉为"黔中瑰宝"。

甲秀楼始建于明代，时任贵州巡抚江东之主张修建此楼并取名为甲秀楼，用意颇深，一是取"科甲挺秀"之意，二是表明贵阳的山水及甲秀楼的美景甲秀天下。同时，因甲秀楼建于南明河中心的鳌矶石上，高楼、巨石、浮玉桥形成"鳌矶浮玉"的美景，引得人们纷纷前来探赏。

明代之后，甲秀楼又经历多次重修、重建。现存的甲秀楼为清宣统元年（1909年）重建遗存，1981年又经过重修，基本保留了原有的建筑特色。

甲秀楼是三层三檐四角攒尖顶阁楼式建筑，楼高约20米，上窄下宽，比例和谐，这种构造是十分独特和罕见的。

甲秀楼最底层均匀竖立着12根石柱，稳稳地承托住屋檐，石柱

甲秀楼

外围绕着一圈白色雕花石栏杆，方便游人倚栏览胜。二、三层的雕花窗棂精美雅致，带有浓浓的南方建筑特色。

第三层正面悬挂一块匾额，上书"甲秀楼"三个金光闪闪的大字，那遒劲的笔势、独到的笔法更添建筑风韵。

在甲秀楼的外观设计上，三层飞檐无疑是点睛之笔，那优美的曲线增添了楼体向上的动感，衬托得甲秀楼越发精巧、轻盈。

另外，甲秀楼楼侧还设有长桥，用来连接两岸。桥下便是澄澈的南明河水，沿着长桥步入甲秀楼，目之所见，处处都是美景，令人陶醉。

甲秀楼两端设有白玉桥

太白楼：把酒临风看带郭

太白楼位于山东省济宁市古运河的北岸，是济宁"古八景"之一，在中国的历史文化名楼中占据着独特的地位。

太白楼初建于唐朝开元年间，原本是一位复姓贺兰的人开的酒楼。李白寄居任城（今济宁）期间是这家酒楼的常客，常在这里与好友饮酒作诗。唐咸通二年（861年），吴兴人沈光来贺兰氏酒楼寻访李白旧迹，除作文抒怀、纪念外，还为该楼书"太白酒楼"匾额。此后，贺兰氏酒楼改名太白酒楼，并成为颇受欢迎的游览胜地。

太白酒楼曾一度倒塌，到了明代洪武二十四年（1391年）才被重建，并改名为"太白楼"。其后太白楼又经过数次大规模修建，现存太白楼重建于1952年。

太白楼高15米，建于旧城墙之上。它是一座两层重檐歇山式建筑，砖木结构。楼身采用大量灰砖砌筑而成，楼顶覆盖着灰色瓦片，整体给人以庄重古朴之感。楼檐下设有圆拱游廊，环绕太白楼。圆

太白楼

拱、廊柱、二楼护栏等都采用了传统的朱红色装饰，与青砖灰瓦相得益彰，让太白楼显得越发典雅迷人。

太白楼二层檐下悬挂一块楷书阴刻匾额，上书"太白楼"三个大字，十分醒目。楼内则珍藏着诸多文化遗产，如李白手书"壮观"斗字方碑、明代诗人所书"诗酒英豪"大字石匾、清代乾隆皇帝《登太白楼》碑碣等。

漫步于太白楼中，仿佛回到了千年前，这儿的一砖一瓦、一草一木都给人们带来无限遐想。而太白楼承载着唐韵遗风，伴着滔滔运河流水，默默地向人们诉说着这千百年来的沧桑巨变。

光岳楼：登楼怀古有余馨

光岳楼位于山东省聊城市，有着"千里运河第一楼"之称。这座巍峨壮丽的历史名楼以其独特的建筑风貌和极高的历史、文化、艺术价值在中国传统建筑史上留下浓墨重彩的一笔。

 聊城奇观，巧夺天工

光岳楼初建于明朝，原是一座名为"余木楼"的更鼓楼，坐落于城中央，有着瞭望敌情、加固防御的作用。明成化年间，该楼易名为"东昌楼"。到了明弘治九年（1496年），当时的吏部考功员外郎李赞曾登临此楼，赞其"虽黄鹤、岳阳亦当望拜"，并将其命名为"光岳

楼"。此后，"光岳楼"一名便沿用至今。

　　光岳楼由四层主楼和高大的墩台组成，高大雄伟，气势非凡。主楼下方的墩台为楼基，采用砖石砌筑而成。墩台四面都设有半圆拱门，其中东面的拱门是唯一可登上主楼的通道。

光岳楼

光岳楼高大的墩台

　　光岳楼的主楼为四重檐十字脊过街式楼阁，全为木结构。楼体结构明晰，为内外双槽柱，且外设围廊。其中，内槽、外槽使用的槽柱都为金柱，一共 32 根。

　　主楼第一层、第二层的面阔与进深皆为七间。第三层是暗层。第四层为顶楼，面阔与进深皆为三间，四面开有对窗，方便游人欣赏周围美景。房顶正中设有藻井，雕工精细，绚丽无比。

　　简而言之，被奉为"聊城奇观"的光岳楼展现了古代建筑工匠的营造智慧，是今人研究古代建筑的珍贵实物资料。

登楼怀古有余馨

光岳楼自古声名远扬，吸引了众多文人雅士登楼赏景、怀古。清代的康熙皇帝、乾隆皇帝都对其青睐有加，除了数次登楼，还为其作诗、题匾。比如康熙皇帝曾为光岳楼题写"神光钟映"匾。

近代以来，光岳楼的热度不减反增。众多古建专家、文化名人纷纷前往聊城，登临光岳楼，一睹这座古建筑的风采。丰子恺、郭沫若、启功等名家也曾为光岳楼题写匾额和楹联。

"泰山东峙，黄河西邻，岳色涛声，凭栏把酒无限好；层台射书，微乡明志，人杰地灵，登楼怀古有余馨。"收藏于光岳楼一楼的这副对联道尽了光岳楼独特的风韵及深厚的文化内涵。如今，光岳楼的故事还在继续，其在当地人心中的地位也变得越来越重要。

石宝寨寨楼：长江"小蓬莱"

石宝寨寨楼位于重庆市忠县境内玉印山的石宝寨中，是中国历史文化名楼之一，亦享有"小蓬莱""江上明珠"等美誉。

史料记载，石宝寨寨楼始建于明万历年间。其依山而建，与"必自卑"石坊门、牌楼门、奎星阁、天子殿等一起构成了石宝寨建筑群。

石宝寨寨楼是玉印山的主体建筑，其为九层木构建筑，后于1956年重修时加盖顶上三层，即奎星阁，由此构成如今人们所熟知的十二层楼阁面貌。站在远处望向石宝寨寨楼，只见其紧扣山体，无比精巧壮美，令人赞叹不已。

石宝寨寨楼的楼体向山体倾斜，两者完美结合，形成一个有机整体。其建筑面阔逐层内收，寨楼第一层面宽约 17 米，到了第九层，面宽只有 2 米多。这种别出心裁的建筑工艺使得寨楼整体造型富有一种奇特的韵味，同时亦加强了寨楼的稳定性。

石宝寨寨楼

　　寨楼楼体用材考究，选用的木材大多生长多年，较为坚硬、耐腐蚀。寨楼结构为穿斗式木构架，全楼上下并未使用一根铁钉。三面檐柱间也都采用木材装修，并未采用一块砖石，这在世界范围内都是很罕见的。

　　另外，寨楼每一层的檐头都靠挑枋挑出，翼角高高翘起，饰有各

石宝寨寨楼绚丽多姿的屋面

石宝寨寨楼翼角起翘处的灰塑装饰

种造型的灰塑，最引人瞩目的是仙鹤、凤凰、鹿等珍禽异兽灰塑。这些灰塑造型鲜活生动，色彩鲜艳，同时有幸福、吉祥等美好寓意。

寨楼顶端的奎星阁采用琉璃屋面，颜色丰富，绚丽多姿。奎星阁屋檐前端的瓦当和滴水也采用琉璃材质。其中，瓦当主要采用龙纹装饰，雕工精湛。滴水边缘曲线柔和，饰有花卉和二龙戏珠图案。

石宝寨寨楼不设斗拱，这在中国现存木构结构的古建筑中是极为罕见的。作为中国现存最高、层数最多的穿斗式木结构建筑，它以其独特的建筑结构、独具风情的建筑风貌吸引了全世界的目光，令人们不禁为中国古代工匠的建筑智慧赞叹不已。

钟鼓楼：报时通信、节制礼仪

钟鼓楼是钟楼与鼓楼的合称，历史极为悠久，汉时的长安城专门设有"钟室"放置钟鼓。唐时，大明宫内已有了钟楼、鼓楼一类的建筑。到了宋代，城市中的钟鼓楼已有了明确的定制。

在中国传统建筑中，钟鼓楼是一个不容忽视的存在，古人报时通信都离不开钟鼓楼，其还作为朝会时节制礼仪之用。如今，在神州大地上有大量的钟楼、鼓楼建筑遗存，比如北京钟楼和鼓楼、西安钟楼和鼓楼等。

北京钟楼

北京钟楼、鼓楼

北京钟楼、鼓楼都位于北京中轴线上，始建于元朝，后屡毁屡建，现存钟楼为清代建筑，现存鼓楼为明代建筑。

北京钟楼高 47.9 米，由台基和楼体两部分组成，它们都由砖石砌筑而成。钟楼台基四面都设有券门，内部则设有长长的、通向二层的石梯。二层钟架下悬挂着一口巨大的铜钟，其声浑厚悠长。

钟楼顶为重檐歇山顶，上覆黑琉璃瓦，绿琉璃剪边，分外雅致。其檐、斗拱、暗窗等均采用上佳石料雕刻而成，细节处可见古代工匠炉火纯青的雕刻技艺。整体而言，北京钟楼庄严古朴，气势宏伟，是北京城的代表性建筑物之一。

北京鼓楼通高 46.7 米，由高大石台和木结构楼两部分组成。台南、北侧都设有券门，一大两小各三座；东、西侧也都设有券门，各一座。由东北角的一个小门后的石梯可通向台上高楼。楼分两层，第一层内设 36 根木柱，极为宽敞，地面铺设一层方砖；第二层为暗层，原先藏有 25 面报时鼓。

鼓楼采用三重檐歇山顶，上覆灰筒瓦，绿琉璃剪边，屋脊上饰有精美的吻兽、垂兽。外观设计上以亮眼的红色、沉稳的青色为主，色调搭配和谐，衬托得楼体越发雄伟壮丽。

北京鼓楼

 西安钟楼、鼓楼

西安钟楼、鼓楼皆位于西安市中心，都建于明太祖洪武年间。

西安钟楼为砖木结构，是一座重檐三滴水式四角攒尖顶的阁楼式建筑，高36米，由正方形基座、木结构楼身及楼顶三部分组成。

钟楼台基高8米多，内部为夯土，表层则为砖石结构。楼身分为两层，雕梁画栋，装饰华丽，尤其是分布于回廊、藻井等处的彩绘，繁复绚丽，给人以美不胜收之感。其屋顶覆有绿色琉璃瓦，屋顶正中立着镏金宝瓶，精致大气。

西安钟楼

西安鼓楼

　　西安鼓楼通高 34 米，为梁架式木结构楼阁建筑。其建于长方形台基之上，基座南北面设有宽阔的拱券门洞。

　　鼓楼楼身分上下两层，第一层和第二层面阔都为七间，进深为三间。屋顶为重檐三滴水歇山顶，上覆绿色琉璃瓦，屋脊上饰有脊兽。楼的外檐饰有青绿彩画，精美无比。另外，鼓楼南、北边檐下都悬挂着一块匾，分别题有"文武盛地""声闻于天"四个大字。

　　整体而言，西安钟楼华丽庄严，西安鼓楼古朴秀美，它们都是同类建筑中的佼佼者，有着杰出的历史、文化和艺术价值。

　　除了北京钟楼、鼓楼，西安钟楼、鼓楼，著名的钟鼓楼建筑遗存还包括天津鼓楼、河北保定钟楼、山西大同鼓楼、山西忻州市代县边靖楼、山西忻州市代县钟楼等。这些恢宏壮丽的钟鼓楼建筑见证了历史的发展，最终成为其所在城市的地标性建筑，承载着当地人的记忆和浓浓的情怀。

天津鼓楼

河北保定钟楼

山西大同鼓楼

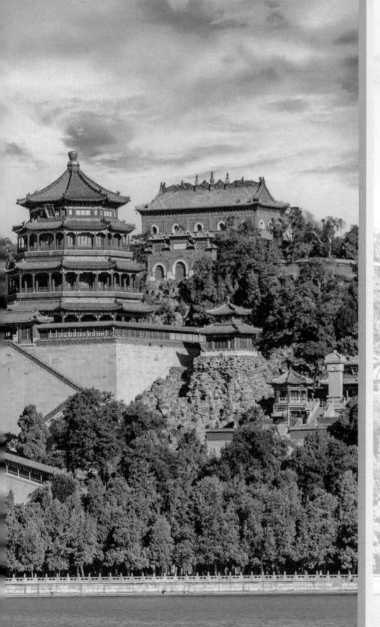

第五章

阁：暗层腰檐，空中架阁

阁与楼建筑形制相似，与楼的壮丽相比，阁更多了几分典雅气息。在我国传统建筑中，阁是别具一格的存在，不仅可以用于远眺、游憩，也常用于举办供奉神佛、藏书等文化活动，文化气息浓厚。

　　雾阁云窗充分体现了古建筑的传统审美，或闻书香，或凭栏赏景，均能感受到阁带给人的沉静心境。

滕王阁：秋水共长天一色

这里所说的滕王阁位于江西省南昌市赣江东岸，是豫章故郡的标志性建筑物，自古以来深受文人雅士的青睐。

滕王与滕王阁

我国历史上有三座滕王阁，皆建于唐代，且都与唐代滕王李元婴有密切的关系。

李元婴是唐高祖第二十二子，唐太宗李世民的弟弟。贞观年间，李元婴被封为滕王，其封地在今山东滕州。滕王曾在封地筑阁，名曰"滕王阁"，即滕州滕王阁。

后来，滕王调任江南洪州（今江西南昌），因思念故地，故而在当地再建滕王阁。之后，滕王再次调任，改任隆州（今四川阆中）刺史，在当地又建滕王阁。

唐代所建的三座滕王阁中，以江西南昌滕王阁最为著名。

 南昌滕王阁

唐永徽四年（653 年），滕王李元婴任江南洪州都督，在此地重建滕王阁，即南昌滕王阁。建成伊始，滕王阁就成了登高赏景的绝佳之地，引得无数文人骚客吟咏兴叹。

滕王阁因唐代诗人王勃的《滕王阁序》而声名远扬。唐高宗上元二年（675 年）的重阳节，时任洪州都督的阎伯屿在滕王阁大宴宾客，宴会之上，文人荟萃，阎伯屿提议为滕王阁作序，少年才子王勃当仁不让，挥笔写就名篇《滕王阁序》。其文笔流畅，多用典，"落霞与孤鹜齐飞，秋水共长天一色""阁中帝子今何在？槛外长江空自流"等名句一出，更是震惊四座。随着《滕王阁序》的传诵，南昌滕王阁一时名声大噪，成为地方名胜。

滕王阁在各朝代曾多次毁于大火并重建，现在的滕王阁为 1989 年重建而成，展现了宋代风貌。

滕王阁共 3 层，主体建筑高 57.5 米，建于 12 米高的台座之上，

极其威武雄壮。主阁呈"明三暗七"格局，外观三层，内部七层，带回廊，形式非常巧妙。

　　滕王阁屋顶铺设绿色琉璃瓦，屏阁和廊柱施以红色，远远望去，色彩和谐、古朴高雅。滕王阁的内部布满彩绘，色彩艳丽、图案各异，十分华丽。阁中还珍藏了许多碑刻、图画等历史文物。

　　自滕王阁内部拾级而上，凭栏远眺江景，可见水天相接，落日时分，"落霞与孤鹜齐飞，秋水共长天一色"的美景令人心醉。

滕王阁

滕王阁内部装饰

蓬莱阁：丹崖山巅仙境处

蓬莱阁位于山东省烟台市的丹崖山上，自古就有"人间仙境""江北第一阁"的美誉。

蓬莱阁始建于北宋嘉祐六年（1061年），用作"州人游览之所"（《蓬莱阁记》），至今已经有近千年的历史，较好地保留了宋代时的建筑原貌。

蓬莱阁为双层重檐八角木构建筑，位于蓬莱阁建筑群的后部居中位置。其坐北朝南，高15米，四面有回廊，正门上方悬挂"蓬莱阁"匾额，阁上朱赤明廊，空间通透，有朱色栏杆，可凭栏远眺，便于赏景。

在蓬莱阁的两侧前方筑有偏房、耳房，对称分布，阁西有避风亭，阁东有卧碑亭和苏公祠，阁后有仙人桥，周围绿树成荫，另有三清殿、天后宫、龙王宫、弥陀寺等建筑错落分布，形成了蓬莱阁建筑群。

　　蓬莱阁依山傍水，景色优美，一直都是百姓心中的"人间仙境"。苏轼知登州（今山东蓬莱）军州事，登临蓬莱阁，作《登州海市》等诗，曾盛赞蓬莱阁海上风光以及海市蜃楼的盛景。

　　于蓬莱阁感受深厚的诗文底蕴，观赏"海市蜃楼"奇观，壮美的建筑与壮阔的海景相辅相成，最是难得。

蓬莱阁

蓬莱阁建筑群

佛香阁：万寿山上高出云表

　　佛香阁位于北京市皇家园林颐和园内的万寿山上，是颐和园的最高处，可俯瞰整个园林风光。

　　佛香阁始建于清乾隆年间，最初为九层佛塔设计，塔建成后遭雷击而倒塌，后改"塔"为"阁"，建成三层阁楼，初定名为八方阁，后更名佛香阁。之后，佛香阁惨遭摧毁，清光绪年间重建佛香阁。

　　佛香阁为八面三层四重檐攒尖顶建筑，建于高约 20 米的台基上，正面宽约 11 米，深约 13 米，高约 36 米，层层叠叠，巍峨壮观。佛香阁阁内竖八根通顶铁梨木擎天柱，八面设窗，阁周围接廊，廊檐下梁枋施繁复华丽的彩绘，风格精美大气，极尽奢华。色彩艳丽的佛香阁与周围秀丽的风景相互融合、相互映衬，成为颐和园中一道亮丽的风景线。

　　佛香阁的地理位置优越，其屹立于万寿山前山的台基上，北靠

佛香阁

佛香阁及周围建筑

"智慧海"，南俯昆明湖，颐和园中的景色可尽收眼底，是颐和园中赏景望远的绝佳之地。

佛香阁装饰细节

玉皇阁：大鹏展翅，凌空欲飞

　　玉皇阁位于宁夏回族自治区银川市，是丝绸之路上的一座别具一格的古建筑，因内供奉玉帝，故名玉皇阁。

　　玉皇阁始建于明朝洪武年间，其坐落于巨大的长方形台基之上，台基下有约5米宽的拱券，可容人通行。

　　玉皇阁为两层重檐歇山顶建筑，宽5间，进深2间，飞檐翘角，如大鹏展翅，气势宏伟，又轻盈灵动，造型别致。东西钟鼓楼对称协调，飞檐相啄，与玉皇阁主体建筑协调呼应。玉皇阁主体及附属建筑整体呈现出积极向上的飞升之态。

　　玉皇阁在建筑造型上富有巧思，呈现出拟人、拟物的特色。玉皇阁的二层大殿设有两个圆形窗，一层正中悬空，突出小型阁台。玉皇阁东西两侧建两层重檐飞脊亭式钟鼓楼，与台基正中的券门洞分别构成一个形象的牛头的眼睛、鼻子、嘴巴与牛角。

　　玉皇阁建筑中融入了精巧的构思和古代传统文化，赋予了建筑更多的魅力。

玉皇阁

天一阁：民间藏书博物馆

　　浙江省宁波市天一阁自建成起就是重要的古籍珍藏博物馆，其藏书文化历史悠久。

　　天一阁始建于明嘉靖年间，由兵部右侍郎范钦辞官回乡后修建，命名"天一阁"。天一阁珍藏各类书七万余卷，是一座大型的地方性私人藏书阁，有"民间藏书博物馆"的美誉。

　　天一阁藏书楼为硬山顶重楼式砖木结构建筑，具有独特的"营建范式"。其坐北朝南，上下两层，高8.5米，面阔6间，进深6间。第二层为通间，藏书置于摆放整齐的书橱中，具有很好的通风、防潮性；第一层有隔间，正门上方悬挂"天一阁"匾额。天一阁门窗简约古朴，屋顶覆青瓦，给人以书香古韵、沉稳静谧之感。

　　天一阁前凿"天一池"通月湖，周围园林山水以"福、禄、寿"为主体造型，环境幽雅，共同构筑成典雅的庭院式园林建筑群。

如今，天一阁已经发展成为以藏书文化为核心，集藏品研究、保护、陈列等于一体的博物馆，兼有园林游赏价值。

天一阁

建筑
韵事

天一阁的意义及其仿建建筑

范钦是明代中期官员，是著名的藏书家。范钦一生好书，喜欢收藏。他曾在多地为官，每到一地就广泛收集古籍，辞官还乡后，为存放和继续收藏古籍而修建天一阁。

天一阁所选藏的古籍并非只有名篇，还着重收藏地方性的即将遗失的文献，保留了大量珍贵的地方性历史资料，是我国目前极其重要的藏书馆，其所藏古籍在我国历史研究与文化传承方面发挥了不可替代的作用。

基于天一阁的重要影响，明代之后各地主要藏书阁皆仿天一阁形制建造。如北京故宫文渊阁、沈阳故宫文溯阁、扬州文汇阁、镇江文宗阁、杭州文澜阁等，这些建筑庄严肃穆，成为地方标志性建筑。

文渊阁：皇家藏书处

文渊阁位于北京故宫东华门内的文华殿后，是清代皇家藏书阁。

文渊阁始建于清乾隆年间。乾隆三十八年（1773年），皇帝下诏编纂《四库全书》。次年，拟建文渊阁。清乾隆四十一年（1776年），文渊阁建成，专贮《四库全书》。

文渊阁的建筑形制仿宁波天一阁，坐北面南，为两层硬山顶建筑。文渊阁采用"明二暗三"设计，第一层设皇帝宝座为讲经筵[①]；第二层为暗层，可储存书籍；第三层宽敞明亮，整齐陈列书架，书籍摆放于书架上，方便查找。

与故宫其他建筑相比，文渊阁建筑风格素雅，双层重檐的屋顶上均铺黑色琉璃瓦，绿色琉璃瓦剪边，檐柱亦为绿色。整体建筑构件颜色和建筑装饰色调偏冷，简约大气，给人以沉静之感。

---

① 帝王为讲经论史所特设的讲席。

从整体环境布局来看，文渊阁设有廊，阁前有方池、小桥，阁后有湖石假山，典雅幽静，富有江南园林建筑特色。

文渊阁

雨花阁：藏式佛教建筑

雨花阁位于北京故宫内的西六宫之西、慈宁宫之北，始建于清乾隆年间，初称"都刚楼"，后更名"雨花阁"，之后重建。

雨花阁是故宫内最大的一座佛教建筑，其建筑形制仿西藏阿里古格的托林寺坛城殿，是一座"明三暗四"的楼阁式藏式佛教建筑。

雨花阁从外面看上去共三层，第一、二层面阔与进深各3间，第三层面阔与进深各1间，第一、二层之间设有暗层。主体建筑下阔上窄，呈冲天之势。

第一层四周出廊，屋顶南北为卷棚顶，东西为歇山顶，屋顶铺绿琉璃瓦，黄琉璃瓦剪边，檐下有白玛曲孜^①装饰。

第二层三面出平座，卷棚歇山顶，屋顶铺黄琉璃瓦，蓝琉璃瓦剪边，栏杆外南向贴有磁青纸金字经贴饰。

---

① 藏式建筑特色装饰，以彩色正方体小木块层层收分堆积，色彩作退晕处理。

　　第三层四面出平座，四角攒尖顶，屋顶铺镏金铜瓦，金顶富丽堂皇，在阳光照耀下熠熠生辉，屋脊上有四条巨型镏金铜龙，宝顶设镏金铜塔。

　　雨花阁内的天花施以彩绘，而且以六字真言、法器图案为题材。内部有藏传佛教的佛龛、佛像等，具有浓郁的藏式佛教文化特色。

雨花阁屋顶装饰

遥望故宫雨花阁

畅音阁：凤歌鸾舞适其机

  畅音阁位于故宫养心殿东侧，宁寿宫后区，是清代皇宫戏楼。畅音阁建于清乾隆年间，后世多次修葺。

  畅音阁为三重檐卷棚歇山式顶建筑，在方向上坐南朝北，北面为正面。畅音阁下方是约 1 米高的台基，建筑平面呈凸字形，阁通高约 20 米，面阔和进深各 3 间。自上而下，三层檐下分别悬挂"畅音阁""导和怡泰""壶天宣豫"匾额，上、中、下三层戏台分别名为"福台""禄台""寿台"，寓意吉祥。

  畅音阁作为皇家戏台，装饰精美富丽。其屋顶铺绿琉璃瓦，黄琉璃瓦剪边，华贵大气；梁枋施以彩绘，雕梁画栋，绚丽多姿，凸显皇家气派。

  畅音阁建筑内部还有令人称绝的机关设计，可结合戏剧需要完成在不同空间的表演。畅音阁的后方设有楼梯，可直接上下到不同戏台，能确保在不影响观看的情况下完成场景的切换。另外，下层的台

畅音阁

面下设窨井、地井（位于四角处），地井内装有绞盘，可配合舞台表演呈现从水中或地下钻出的舞台效果。中层的台面和顶部、下层的台面均设井口，井口上下贯通，演员可借助装置上下，呈现仙人飞天或下凡的舞台效果。如此机关设计，让人不得不佩服建筑者的建筑巧思。

　　畅音阁建筑宏伟壮丽，装饰富丽堂皇，结构设计巧妙，布满机关巧思，是我国古建筑中的珍品。

第六章

消失于尘埃中的历史印迹

在历史行进的过程中，曾有很多原本声名显赫的亭台楼阁因为种种问题彻底消失于岁月中，比如梅公亭、鹿台、邺城三台、鹳雀楼、昙花阁等。人们只能通过古籍中的记载、相关诗文中的描述去畅想其曾经的模样，感受其独特的神韵，领略其建筑美学。

梅公亭

梅公亭位于安徽省池州市东至县，为纪念北宋名臣梅尧臣而建，它是历史文化名亭之一，在文人墨客心中有着独特的地位。

史料记载，北宋景祐元年至五年（1034—1038 年），北宋梅尧臣曾出任建德（今东至县）县令。在任期间，他一心为民，政绩斐然，颇受当地百姓爱戴。当梅尧臣离开此地后，当地百姓为了表达对梅尧臣的感激和怀念，将县城名称改为梅城，并建起梅公堂和梅公亭。

初建的梅公亭位于梅城白象山半山坡上，后损毁。明朝时曾三次重建梅公亭。

梅公亭为楼阁式建筑，建筑平面为长方形，主要采用砖木两种材料建筑而成。亭四角高高向上翘起，线条优美，屋面覆黑色陶瓦，古朴雅致。整座梅公亭小巧精致，掩映于周围绿荫中，格外富有韵味。

可惜的是，梅公亭最终还是消失于历史中，如今只留下遗址供人们凭吊追忆。

鹿 台

　　鹿台是商朝时期的宫苑建筑，据说是商纣王派西伯侯督工建造而成的，具体位置大概在河南省北部的淇县一带。

　　传说中的鹿台高四丈九尺（约 16.3 米），巍峨壮丽。鹿台周围饰以玛瑙、金环、美玉，极为辉煌灿烂，给人以富丽堂皇、美不胜收之感。鹿台上建有摘星台等建筑物，皆雕檐碧瓦，装饰华丽。

　　《史记》中提道："厚赋税以实鹿台之钱。"根据这一记载，后人猜测鹿台可能是商纣王收藏钱财的地方。而在神话传说中，商纣王修建鹿台是为了游猎赏玩。另外，《史记》中记载纣王最后在鹿台上自焚："纣走入，登鹿台，衣其宝玉衣，赴火而死。"

　　简而言之，这座传奇之台虽然早已消失于历史长河中，却引来后人的无限遐想，并给予后人无限启示。

邺城三台

邺城三台，又名曹魏三台，蜚声四海，古今闻名。其位于河北省邯郸市临漳县三台村，分别为铜雀台、金凤台和冰井台。

 铜雀台

当年曹操打败袁绍占据邺城后，曾下令以城墙为基，修建铜雀台、金凤台和冰井台，形成三台一字排开、傲然挺立的壮丽景观。

其中，铜雀台建于东汉建安十五年（210 年），在三台中属于主台。古籍《水经注》中介绍铜雀台"高十丈，有殿宇百余间"，曹丕曾作诗形容铜雀台"飞阁崛其特起，层楼俨以承天"。从这些描述中

都可以看出初建时的铜雀台规模庞大，雄伟壮观。

到了后赵年间，铜雀台又被增高两丈，台顶还增建了多层阁楼，整体更为巍峨壮观。另外，这一时期的铜雀台在细节处的装饰越发华丽，给人以流光溢彩之感。此时的铜雀台周围殿宇遍布，台下设有深井、地道，储以银粮，奢靡无比。北齐年间，铜雀台也曾被大修。

可惜的是，铜雀台及其周围景观最终毁于明末漳水的冲击，后人只能通过相关古籍和诗词来一睹其风采。

 金凤台

金凤台原名金虎台，建于东汉建安十八年（213 年）。其位于铜雀台南边，以阁道式浮桥与铜雀台相连。

史料记载，金凤台台高八丈，富丽堂皇。后被后世君主重新修缮，并以华丽的金凤装饰台顶，更增金凤台之风彩。

北齐年间，邺城三台宫殿都被大规模修缮，此后金凤台曾改称为圣应台，后又改为原名。在往后的岁月里，金凤台虽历经战火、洪水等天灾人祸，其遗址却勉强得以保存至今。

冰井台

冰井台建于东汉建安十九年（214年），位于铜雀台北边，同金凤台一样，以阁道式浮桥与铜雀台相连。

冰井台高八丈，有屋舍140间。台上建有冰室，冰室下连通深井，用以储藏冰块、食盐、粮食、煤炭等生活物资。

北齐年间，邺城三台大修之后，冰井台曾改名为崇光台。后世冰井台也曾被数次修缮，但最终与铜雀台一样，都毁于明末漳水的冲击之下。

金凤台遗址

建筑
韵事

诗词里的铜雀台

铜雀台自古闻名，历代的文人雅士喜欢用诗词去追忆铜雀台的风采，所以历史上关于铜雀台的题咏甚多。

比如，唐代诗人杜牧曾写出"东风不与周郎便，铜雀春深锁二乔"的名句。唐代诗人汪遵曾在《咏铜雀台》一诗中感叹道："铜雀台成玉座空，短歌长袖尽悲风。"宋代文人连文凤作《铜雀台》一诗感古怀今："月正明时星正稀，邺城风雨忽凄凄。荒台深锁残春色，半夜寒鸦绕树啼。"

文人墨客的吟诵为铜雀台增添了更多文化底蕴与魅力，令其迄今仍为人们所津津乐道。

鹳雀楼

　　鹳雀楼，又名鹳鹊楼，位于山西省永济市蒲州古城郊外的黄河岸边，是古代公认的四大名楼之一。

　　鹳雀楼历史悠久，其建于北周时期，最初是一座军事瞭望楼。后来，这座雄伟壮观的高楼军事价值减弱，历史和文化价值渐增，变成一座拥有深厚文化内涵的观赏楼。唐代诗人王之涣曾登上鹳雀楼，赏景之余，写下一首著名的《登鹳雀楼》："白日依山尽，黄河入海流。欲穷千里目，更上一层楼。"此后，鹳雀楼越发声名显赫。

　　北宋的沈括在其著作《梦溪笔谈》中这样介绍鹳雀楼："河中府鹳雀楼三层，前瞻中条，下瞰大河。"到了金元光元年（1222 年），一代名楼鹳雀楼被焚毁于战火中，只留下故基。后其故基也于明初淹没于泛滥的黄河水中。

　　直到 2002 年，在多方的努力下，鹳雀楼得以重建。重建后的鹳雀楼总高度达 73.9 米，是一座高台式十字歇山顶楼阁建筑，由台基和楼身两部分组成。台基高 16 米多，四周设有月台。楼身明 3 层暗 6 层，古色古香。除第 6 层设藻井外，楼身各层均为平暗吊顶。远远望去，鹳雀楼高大雄伟，壮丽无比。

　　总体而言，今日的鹳雀楼规模庞大，结构精巧复杂，既给人威严庄重之感，细节处又不失轻盈、灵巧，堪称仿古建筑中的精品，很好地展现了中国传统建筑的魅力。

重建后的鹳雀楼

昙花阁

昙花阁位于北京万寿山东麓，始建于清乾隆年间。它原本是清漪园^①中的一座佛楼，建筑平面呈六边形，小巧精致，像极了昙花盛开时的花形。这种平面形式在园林建筑中比较罕见，令人眼前一亮。

昙花阁立面为两层阁楼，重檐攒尖，屋面覆有琉璃瓦，檐口下挂有精美装饰。登上昙花阁二层，极目远眺，能将远处湖面上的十七孔桥、南湖岛美景尽收眼底。

总体而言，昙花阁造型别致，风格独特，是同类建筑中的佼佼者。然而，其在1860年时被英法联军焚毁。到了光绪十三年（1887年），昙花阁的原址上修建起一座新的楼阁，名景福阁。

相比昙花阁，景福阁的平面较为简单，它是一座单层三卷歇山式建筑，前后抱厦，屋面覆有灰色筒瓦，整体精美、典雅，颇具皇家风范。

---

① 清代皇家园林，颐和园的前身。

景福阁

参考文献

[1] 陈璞 . 雅致的亭台 [M]. 长春：北方妇女儿童出版社，2017.

[2] 郭艳红 . 精致典雅的亭台楼阁 [M]. 北京：现代出版社，2018.

[3] 金桂云，张远琴 . 长江流域的楼台亭阁 [M]. 武汉：长江出版社，2015.

[4] 康桥 . 亭台楼阁：千姿百态的俊美 [M]. 上海：上海辞书出版社，2023.

[5] 李姗姗 . 典雅亭台楼阁 [M]. 汕头：汕头大学出版社，2017.

[6] 刘妍铄 . 兰亭：景观、意义与明清之际绍兴士人 [D]. 上海：华东师范大学，2014.

[7] 曹云钢 . 以汉代建筑明器为实例对楼阁建筑的研究 [D]. 西安：西安建筑科技大学，2007.

[8] 段玉婷 . 论"台"的艺术价值 [D]. 保定：河北大学，

2007.

[9] 刘燊 . 重庆忠县石宝寨建筑装饰艺术研究 [D]. 重庆：重庆师范大学，2018.

[10] 魏丽丽 . 中国高台建筑：河北邯郸赵丛台考释 [D]. 武汉：华中科技大学，2006.

[11] 曹晓波 . 韩世忠与翠微亭 [J]. 杭州，2020（18）：64–65.

[12] 程万里 . 中国古建筑的形式与施工程序 [J]. 建筑工人，1992（4）：43–45.

[13] 程裕祯 . 台与中国文化 [J]. 中国文化研究，1994（1）：123–128+4.

[14] 邓莹辉 . 落霞秋水里的滕王阁 [J]. 中国三峡，2022（2）：7–13+2.

[15] 邓莹辉 . 岳阳天下楼 [J]. 中国三峡，2019（10）：7–11+2.

[16] 封云 . 亭台楼阁：古典园林的建筑之美 [J]. 华中建筑，1998（3）：3.

[17] 冯忆琦 . 浅析重庆忠县石宝寨存在价值及规划建议 [J]. 文化学刊，2022（6）：10–13.

[18] 冯璋斐，陈波，陈中铭，等 . 兰亭造园艺术特征分析 [J]. 浙江林业科技，2019（05）：45–53.

[19] 龚振欧 . 层林尽染·爱晚亭 [J]. 新湘评论，2018（6）：66.

[20] 关增建 . 登封观星台的历史文化价值 [J]. 自然辩证法通讯，2005（6）：82-87+114.

[21] 光晓霞 . 瘦西湖的景观格调与文化特性：以熙春台向北至蜀冈的山林景观为例 [J]. 扬州大学学报（人文社会科学版），2012（3）：109-113.

[22] 邯人 . 曹魏遗迹：铜雀台 [J]. 民主，1998（9）：42.

[23] 胡正旗 . "楼"本义考 [J]. 中外企业家，2010（12）：218.

[24] 湖北省武汉市汉阳区地名普查办 . 古琴台：高山流水遇知音 [N]. 中国社会报，2021-11-01.

[25] 黄晔北，覃辉 . 钟鼓楼的发展 [J]. 山东建筑大学学报，2008（2）：117-119+162.

[26] 姜念古 . 古运河畔太白楼 [J]. 治淮，1994（6）：1.

[27] 李会智 . 古建筑角梁构造与翼角生起略述 [J]. 文物季刊，1999（3）：48-51.

[28] 李锦林 . 中国传统建筑中楼与阁的区分 [J]. 大众文艺（理论），2009（13）：125-126.

[29] 李琦 . 大观楼建筑实测简析 [J]. 古建园林技术，2002（01）：47-48+33.

[30] 李晓东 . 绵阳续建千年越王楼 [N]. 四川日报，2008-03 -21.

[31] 赵志斌 . 临漳名胜：邺城三台 [J]. 中国地名，1997（04）：24.

[32] 马阳，周小儒 . 探析琅琊山醉翁亭的文化之美 [J]. 美与时代（城市版），2018（11）：117–118.

[33] 孟宪霞 . 雄伟的古建筑：光岳楼 [J]. 兰台世界，2006（2）：62–63.

[34] 苗淼，沈华杰，王宪，等 . 昆明大观楼建筑彩画艺术探讨 [J]. 西南林业大学学报（社会科学），2019（2）：58–62.

[35] 钱春宇，郑建国，张炜，等 . 西安钟楼台基防工业振动控制标准研究 [J]. 建筑结构，2015（19）：26–31.

[36] 钱振文 . 寻古陶然亭 [J]. 博览群书，2023（10）：77–83.

[37] 沈福煦 . "苏州名园"赏析：三：狮子林 [J]. 园林，2005（1）：28.

[38] 施芳 . 北京中轴线上的鼓楼和钟楼 [N]. 人民日报，2023–01–14.

[39] 水天 . 颐和园知春亭 [J]. 工会信息，2020（2）：3+1.

[40] 宋卫华 . 有仙则名蓬莱阁 [J]. 走向世界，2020（30）：78–79.

[41] 覃力 . 亭的审美价值及其美学特征 [J]. 古建园林技术，1990（2）：40–43+25.

[42] 汤羽扬 . 崇楼飞阁，别一天台：四川省忠县石宝寨建筑特色谈 [J]. 古建园林技术，1996（2）：3–10.

[43] 唐颖华 . 不殊图画倪黄境 真是楼台烟雨中：嘉兴南湖湖心岛烟雨楼园林古建群的特色 [J]. 文物鉴定与鉴赏，2018（23）：24-27.

[44] 王菊 . 古建筑中的亭台楼阁与轩榭廊舫 [J]. 新长征（党建版），2020（7）：60.

[45] 王赛时 . 济宁太白楼与运河酒文化 [J]. 饮食文化研究，2007（1）：64-76.

[46] 王正明，方全明 . 历史文化名城成都的标志：崇丽阁 [J]. 四川文物，2001（2）：74-75.

[47] 谢建平 . 清代宫廷戏楼畅音阁 [J]. 文史天地，2022（10）：94.

[48] 熊运华，王忠宝，王雄 . 浅议颐和园佛香阁的观景与点景艺术 [J]. 长江大学学报（自然科学版），2011（7）：3.

[49] 徐甲荣 . 历史文化景观的地方感特征构建：以建筑景观西安钟楼为例 [J]. 杨凌职业技术学院学报，2023（1）：21-26.

[50] 许倩 . "江北第一名楼"光岳楼：运河古阁，古韵风华 [N]. 山东商报，2023-07-24.

[51] 阎若 . 谈谈亭的作用与构造 [J]. 中外建筑，1999（2）：21-22.

[52] 杨菁，杨文艳，张亮 . 从天一阁到四库七阁：藏书楼"营建范式"的不同再现 [J]. 城市环境设计，2023（3）：385-391.

[53] 张砺 . 千古沧桑鹳雀楼 [J]. 同舟共进，2020（2）：75-77.

[54] 张龙，吴琛 . 颐和园造园艺术的转变：以昙花阁到景福阁的变迁为例 [J]. 中国园林，2012（2）：103-106.

[55] 张谦 . 堂：开放、阳光的空间 [J]. 秘书工作，2015（4）：67-68.

[56] 张亚旭，王丽琴，吴玥，等 . 西安钟楼建筑彩画样品材质分析 [J]. 文物保护与考古科学，2015（4）：45-49.

[57] 赵文杰 . 宋代诗词中的"郁孤台"[J]. 语文月刊，2022（5）：72-77.

[58] 周继厚 . 贵阳城徽甲秀楼 [J]. 贵阳文史，2016（3）：79.